上海高等学校一流本科课程“服装面料创意设计”配套教材
纺织服装高等教育“十四五”部委级规划教材

服装面料创意设计

图案设计·材料设计

张岚 著

東華大學出版社·上海

图书在版编目（CIP）数据

服装面料创意设计 / 张岚著 . — 上海 : 东华大学出版社 , 2024. 6. — ISBN 978-7-5669-2384-4

Ⅰ . TS941.4

中国国家版本馆 CIP 数据核字第 2024R742L7 号

责任编辑　徐 建 红
书籍设计　东华时尚

服装面料创意设计

FUZHUANG MIANLIAO CHUANGYI SHEJI

张岚　著

出　　版：东华大学出版社（上海市延安西路 1882 号，200051）
本 社 网 址：dhupress.dhu.edu.cn
天猫旗舰店：dhdx.tmall.com
营 销 中 心：021-62193056　62373056　62379558
印　　刷：上海颛辉印刷厂有限公司
开　　本：889mm × 1194mm　1/16
印　　张：8.75
字　　数：300 千字
版　　次：2024 年 6 月第 1 版
印　　次：2024 年 6 月第 1 次印刷
书　　号：ISBN 978-7-5669-2384-4
定　　价：78.00 元

目录

图案设计

材料设计

第一章

服装面料创意设计概述

随着人们生活水平的不断提高，人们的审美观念也随之发生着改变，越来越多的人渐渐意识到服装面料对于服装整体风格的重要作用，优秀的服装设计师必须采用更具创意的服装面料，才能更好地满足人们的审美需求，帮助个体展现与众不同的魅力和价值。生活需求的多样化不断提醒设计师创意设计的重要性，如何提高创新性，增强形式美已经成为当今设计师应该考虑的问题。

本书将面料创意设计作为主要的研究对象，将服装面料创意设计中的理论与审美要求相结合，从面料创意设计的基本概念出发，从服装面料的图案设计与服装面料的材料设计两个角度入手，介绍服装面料创意设计的原则、方法及应用。

第一节 服装面料之图案设计概述

一、图案

图案的基本含义是指形制、纹饰、色彩的设计方案，可以从广义和狭义两个方面来理解。从广义上讲，图案指从美学角度对物质产品的造型结构、色彩、肌理及装饰纹样所进行的工艺处理而事先设计的方案，并制成图样，其包括的内容很多，涉及的范围也很广，即庞薰琴先生所说的“图案工作就是设计一切器物的造型和一切器物的装饰”。具体来说，图案既是实用美术、装饰美术、工业美术、建筑美术等关于色彩、造型、结构的预想设计，也是在工艺、材料、用途、经济、美观、实用等条件制约下的图样、模型、装饰纹样的统称。从狭义上讲，图案是指某种纹饰，即按照形式美的规律构成的某种形态，是具有一定程式感和秩序感的图形纹样。

图案具有装饰性的重要特征，它是与人类的物质和文化生活息息相关的产物，具有极其广泛的表现形态。它渗透在现实生活中的每一个角落，可以说，图案不仅是美术学的一个专门学科，也是一门具有普遍性、实用意义的美术工程实践课程。

二、服装面料图案

服装面料图案是“图案”学科中的一个重要分支。具体指围绕服装及其装饰所产生的任何图案，涉及衣、裙、裤等衣服的图案，以及鞋、袜、帽、包袋等配饰的图案（图 1-1-1）。服装面料图案能够起到点缀、美化服装的作用，同时也是服装设计不可或缺的艺术语言，是与人类关系最为密切的艺术表现形式之一。

图 1-1-1

服装面料图案是多种内涵和表现形式的和谐统一。它与一定时代的政治、经济、宗教信仰、哲学思想、艺术等领域密切相关，图案可以体现不同时期、不同地域的审美风尚和特定的艺术形式，进而及时鲜明地反映当时当地人们的时尚风貌、审美情趣及心理诉求。对于服装产品来讲，服装面料图案会极大程度地影响消费者对该产品的接受程度，进而影响服装的生产经营。

当今社会，设计师赋予了服饰更多的精神和审美内涵，服饰品甚至可以超越商品特质而成为名贵的艺术品，其中服装面料图案起到了不可忽视的作用。而服装面料图案的内容不再局限于传统图案，许多新的图像素材、肌理素材在经过剪辑、拼接，利用现代数码设计技术，形成了全新的服装面料图案的形式。各种面料生产新技术的诞生，为服装面料图案的设计提供了更广阔的空间。回顾服装设计的发展历程，图案始终与其相伴，在人们生活水平得到普遍提高的今天，图案之美显得更为重要。充分利用服装面料图案，可以使服装设计更趋个性化、多样化和人性化。可见，对于一名现代纺织服装产品设计师来说，掌握服装面料图案设计的基本技巧、表现手法与应用方式是多么重要（图 1-1-2）。

图 1-1-2

三、服装面料图案设计的分类

服装面料图案所涉及的领域非常广泛，涉及衣、食、住、行、用等。由于其服务对象不同、应用领域各异，我们不可能仅从一个角度来概括。因此服装面料图案的分类应当是多层次、多角度的。就一般情况而言，可以分为以下几类。

（一）按构成形式分类

可将服装面料图案分为四方连续纹样、二方连续纹样、单独纹样、适合纹样等。其中四方连续纹样适用于满幅面料，是服装面料图案设计中最常见、最基本的图案形式（图 1-1-3）；二方连续纹样多见于边缘装饰，如用于领口、门襟、袖口、衣边、裤边、腰间等位置（图 1-1-4）；单独纹样没有延续性，独立用于服饰设计，常见于服装上标识性的装饰，如用于胸前、背后的标志性图案等（图 1-1-5）；适合纹样指图案的形式需适合于某种外框形式当中，如方巾图案设计即是适合纹样（图 1-1-6）。

图 1-1-3

图 1-1-4

图 1-1-5

图 1-1-6

（二）按造型意象分类

服装面料图案可分为具象图案和抽象图案。具象图案指具有较完整的具体形象的图案，如图 1-1-7。它分为写实与写意两类，写实类图案偏重于原有形态特征的如实描绘；写意类图案则偏重于表现形象的神韵和设计者的意趣，在形象的塑造上对原来形态有较大改变，但不失其主要特点。抽象图案是由非具象形象组成的图案，如图 1-1-8。它可分为几何形与随意形两类，几何形图案即运用规则的点、线、面以及各类几何形组合成的图案，其构成形式呈明显的规律性或具有严格的几何骨架；随意形图案即以不规则的点、线、面或自然形象的分解重构，或以一些偶然形随意组合而成的具有审美价值的图案。

（三）按内容分类

关于服装面料图案的设计内容有很多，如花卉、动物、风景、建筑、人物，以及日常生活的方方面面，如电影、音乐、饮食、旅游等都能成为设计的灵感来源。

四、按民族风格分类

不同地域和民族都有其自身的服饰文化，而这些带有本民族特色的服装面料图案就形成了自己独特的风格。如中国风格图案（图 1-1-9）、印度风格图案（图 1-1-10）、日本风格图案（图 1-1-11）、非洲风格图案（图 1-1-12）等 。

服装面料图案是一种运用在服装服饰设计中的装饰性与实用性相结合的艺术表现形式，其主要目的在于审美，以服装服饰为载体，体现审美价值。

图 1-1-7

图 1-1-8

图 1-1-9

图 1-1-10

图 1-1-11

图 1-1-12

第二节 服装面料之材料设计概述

服装面料创意设计为之后的服装设计奠定了基础，并且为之后的服装整体风格提供了设计方向。服装设计根据所要使用的面料来进行整体结构设计，力求设计后的效果能够将面料设计的创意优势完全体现出来，并且整体具有美观、时尚的特点。在服装设计中，面料设计可以展现出衣物的整体颜色、层次、质感等，服装设计师也据此进行创意设计，优质的面料能够进一步提升衣服的品质、档次。从购买者的角度来看，他们对面料的质感非常看重，所以在进行服装设计时，不能只看重服装的外观设计，面料的材料也非常重要。

服装面料的材料类型和功能是不断发展的。随着科技的进步，服装面料的材料在色彩纹样、功能性等方面有了新的突破，如各种刺绣、印花、镶嵌、抽丝等工艺手法改变了传统面料的视觉肌理和触觉肌理，并促进了面料新造型、新工艺的出现。因此，服装设计师在设计时，需要找出满足设计思路的材料，对其进行设计剪裁，这样才能真正完成服装设计工作。

一、服装面料之材料设计的意义

如今，服装设计单在服装结构造型上进行设计变化难以满足大众审美需求，服装材料设计为服装设计领域带来了新灵感、新动力和新突破，为服装行业的发展带来新的生命力和更广阔的发展空间。在当今的服装市场上，面料的重要性已经超越了款式而上升到了第一位。谁垄断了新颖的面料，谁就可以在竞争中获胜，而设计师本人设计自用的面料，则必定会胜人一筹。

服装材料设计从主题概念出发，通过元素的收集与设计运用，对现有材料进行裁剪或制作加工。运用串珠、亮片、羽毛、人造水晶等各种材料，通过纳褶、系扎、镶嵌、剪切、折叠、抽皱、镂空、抽穗、拼贴、抽纱、撕裂、卷曲等工艺手段，可以产生意想不到的艺术审美效果。结合各种工艺手法来改变原有服装面料的组织结构（图 1-2-1）、肌理纹路（图 1-2-2）、色彩层次，以及面料软硬（图 1-2-3）与厚实（图 1-2-4）等，制作出有新的视觉和触觉效果，符合主题概念意图的设计，实现有别于普通材料造型的特色型面料，使其成为系列服装中的设计亮点，令作品更加生动、有趣、感人。

服装面料之材料设计，不仅使服装设计师摆脱了以往服装原材料对设计的约束，而且可以从新的角度去构思和塑造服装，使服装的形式更加多样化。同时，新材料、新思维与新风格共同促进了现代设计潮流的发展和变化，服装材料的发展为服装设计注入了新的活力，给予了设计师更广阔 的创作天地。国际服装界权威人士曾尖锐地指出：“当今服装的发展是以材料为先导而开始流行的。”可见材料对服装的发展，尤其是在这个服装发展多元化达到高峰的时期，起到了重要作用，发挥了巨大的影响。

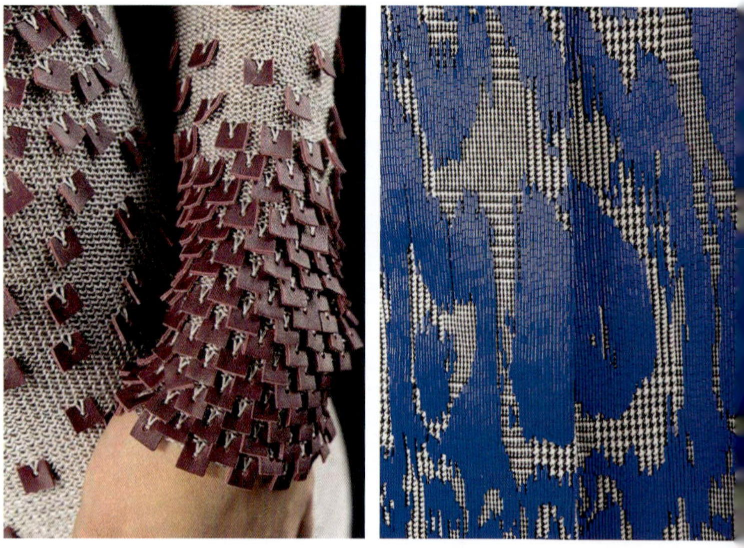
图 1-2-1

图 1-2-2

图 1-2-3

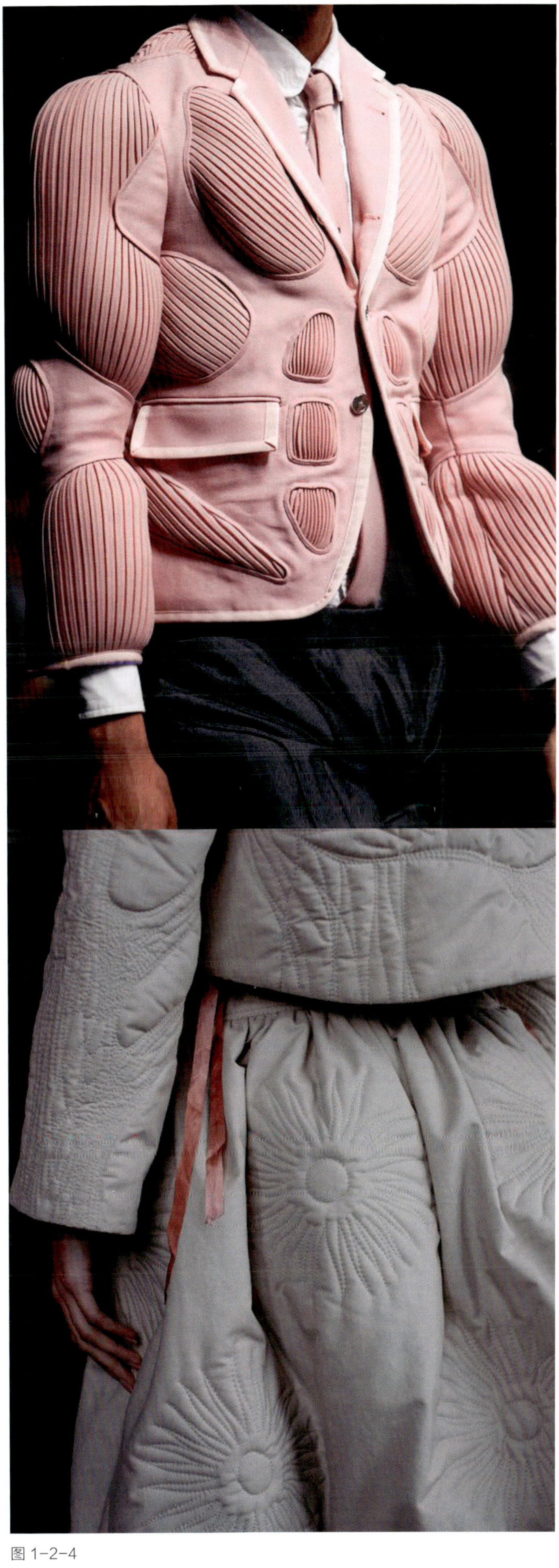

图 1-2-4

二、服装面料之材料设计的思维方法

服装设计是一个很复杂的行为。它与纯艺术不同，但它秉承了艺术最本质的特色，像艺术那样与人性中最深层的东西息息相关，能使人类的智慧得以充分的发挥和施展，并达到人与人之间心灵的沟通。它能展示奥妙无穷的世界，并让人享受放松与愉悦的精神假期。虽然它与纯科学有所不同，但它却秉承了科学领域的关键特色，也需要有较严密的逻辑思维和行之有效的概念支持以及循序渐进的工作态度，服装材料设计需要设计者具备发散与收敛、感性与理性、抽象与想象等多种思维能力。基本创意思维方法包括逆向思维、发散性思维、收敛性思维、形象思维及抽象思维，只有充分理解每一种基本创意思维方法的思路，才能为后面的综合运用做准备。

逆向思维也叫求异思维，它是对司空见惯的似乎已成定论的事物或观点反过来思考的一种思维方式。敢于“反其道而思之”，让思维向对立面的方向发展，从问题的相反面深入地进行探索，树立新思想，创立新形象。例如，麻绳是用来捆绑东西的，由于它具有粗犷的风格和质朴的外观，如果运用在面料创意中，会带来特别的视觉感受，这就是一种求异思维的体现。

发散思维是一种重要的创造性思维，具有流畅性、多端性、灵活性、新颖性和精细性等特点，又称辐射性思维。发散思维运用在服装材料设计中主要表现在对给出的原材料、信息从不同角度、不同的方向和途径去设想，充分发挥人的想象力，突破原有的知识圈，从一点向四面八方想开去，探求多种答案。

收敛性思维是选择性的，在收敛时需要运用知识和逻辑。收敛性思维是在解决问题过程中，尽可能利用已有的知识和经验，把众多的信息逐步引导到条理化的逻辑程序中去，以便最终得到一个合于逻辑规范的结论。这种思维运用在服装材料设计中主要表现在对信息的综合、归纳、概括以及演绎的能力。发散性思维与收敛性思维相互补充，在解决问题的早期，发散性思维起到更主要的作用；在解决问题的后期，收敛性思维则扮演着越来越重要的角色。

形象思维是用直观形象和表象解决问题的思维，其特点是具体形象性。这种思维运用在服装材料设计中主要表现为：在对形象信息传递的客观形象体系进行感受、储存的基础上，结合设计师主观的认识和情感进行识别（包括审美判断和科学判断等），并用一定的形式、手段和工具（如绘画线条、色彩）创造和描述形象（如最终的艺术作品）。形象思维具有形象性、非逻辑性、粗略性、想象性的特点。

抽象思维是人们在认识活动中运用概念、判断、推理等思维形式，对客观现实进行间接、概括的反映过程，属于理性认识阶段。它是在对事物的本质属性进行分析、综合、比较的基础上，抽取出事物的本质属性。要想把这种思维运用在服装面料设计中，要求设计者具备充分的实践基础。

第三节　服装面料创意设计的作用

服装面料创意设计是按照美的规律构成的面料纹样及材料设计，是服装服饰的一部分。同样的服饰款式应用不同面料，其最终效果会截然不同。随着时代的发展和科技的进步，服装面料也在不断地发展变化，呈现出多样化的趋势。服装面料的作用也日趋丰富，体现在不同方面。

一、装饰作用

服装面料图案源于人类对于外界形象的描绘，通过典型化处理的方法，将创造出的结果应用于服饰之上。不同面料图案及面料材料应用于服饰后，可使服装在格局、色彩、层次等方面发生变化。而恰当地把握面料的装饰程度，选择合理的素材与表现方法，也是服装服饰设计的重要内容之一。

服装面料的设计还可以起到修饰人体、调整体形的作用。服饰本身具有修饰体形的功能，可以帮助普通人更加趋近如模特般的标准体形。如腿更长、腰更细、身材更挺拔等（图 1-3-1）。

二、象征作用

服装面料图案自诞生之日起，便承载着一定的人文观念。图腾崇拜便是图案这一功能的集中体现。我国自古以来便习惯以图案的具体形象来代表某种抽象的人文概念，例如以“龙”象征“皇权”，以“松鹤”象征“延年”，伴随着人们对于美好生活的迫切追求，图案甚至达到“图必有意，意必吉祥”，如图 1-3-2。随着时代的发展，现代服装面料图案中对传统图案的象征意义渐渐淡化，或有宽泛化的趋势。例如，传统的宝相花、莲花具有宗教的象征意义，但随着时代的发展，其宗教象征意义已逐渐削弱，更多转为象征美好的装饰图案。同时，也有新的具有象征意义的图案不断出现。

三、标识作用

在广泛的视觉领域，人们需要通过符号系统完成信息传递的任务。一部分服装面料图案具备标识功能，在服饰设计中体现出非常重要的作用。例如，通过服装面料图案标明穿着者的职业身份，军人、警察的徽章，航空、海运工作人员服装图案等都起到这样的作用。不同服饰品牌的图案标识也是这类功能的典型体现。它们在起到装饰作用的同时，也起到品牌识别的作用。针对图案的标识作用，这类服装面料图案通常简洁、醒目、易识、易记。

四、表达情感

服装面料本身具有很强的自我表述能力。借助面料的这种特点，设计师使服装面料具有了表达情感、宣泄情绪的作用。穿着者如能与服装面料所表达的情感产生共鸣，则会使服装服饰超越基本的实用、审美功能，而获得更深层的审美价值。当代社会，前所未有地追求个性解放，服装面料表达情感的作用得到特别的重视与发挥。

基于这样的功能，现代服装面料设计产生了区别于传统服装面料设计的另一个门类，并广受现代追求个性解放的青年人的欢迎。例如，以图案为特色的“卫衣”“文化衫”，其上面的标语、口号式的服装面料图案反映出穿着者在特定时间、特定背景下的心态及主张（图 1-3-3）。这类服装面料图案对时间、空间比较敏感，往往存在于特定的时间、空间内，当然也是一定时间、空间背景下最直接的“流行”反映。

图 1-3-1

图 1-3-2

第四节 学习服装面料创意设计课程的意义

服装面料创意设计课程是服装与服饰设计专业开设的专业课程。从服装面料的图案及服装面料的材料两个方面入手：讲授服装面料创意设计的基本知识、设计方法和工艺手段；从基础元素及手段出发，通过设计方法的掌握，完成成熟的、有应用价值的服装面料的设计。因此，服装面料创意设计课程包括几方面内容：基础面料创意设计的基本原理和方法；创作符合时代要求的服装面料创意设计的思维方式；服装面料创意设计的方法；开拓设计新方法，并应用于服装面料创意设计。

学习服装面料创意设计课程的意义反映在如下几方面：

一、审美能力的培养

服装面料创意设计需要涉及图案的文化背景、风格特征、艺术内涵等方面综合内容的探索与表现。材料丰富的特性及其加工工艺，对于服饰设计综合审美能力的培养有重要意义。

在学习服装面料创意设计当中，一定要尽可能地培养学生广泛涉猎综合内容的能力。要让学生深入学习面料的各种结构、组织方法与表现手段，而且还要尽可能全面地了解古今中外各种类型、各种风格的艺术。

二、应用能力的培养

应用能力的培养反映在两方面：一是通过基础训练，培养学生的设计意识和审美能力，训练学生的造型技能，使其逐渐进入专业状态。二是通过专业训练，培养学生对服装的装饰意识，训练学生掌握适应广泛需求的装饰技能。专业能力的培养可以以流行趋势、市场价值等服饰产业的重要应用指标为参照。

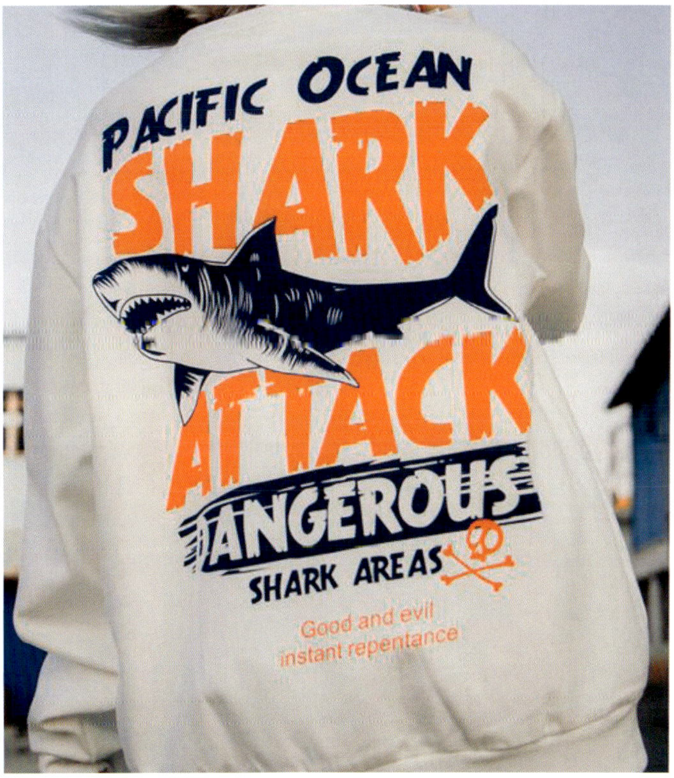

图 1-3-3

第二章

手绘素材服装面料图案设计

以手绘素材设计制作服装面料图案是最传统、最经典的手法。在各大染织服装院校，都会就手绘服装面料图案安排较多课时，保证同学们获得足够的训练。传统的服装面料图案设计，单纯依靠手绘技法，即可创造出精美绝伦的作品。现代设计手法中，借助电脑软件辅助设计或复印等手段，可以轻松地复制、调整手绘元素，以及借助软件轻松换色，从而完成服装面料图案设计。

有特点、有感染力的手绘元素是成功制作手绘类服装面料图案的前提。完成理想的手绘素材，有以下几点建议。

1. 收集自己感兴趣的素材。图案素材只有打动自己才有可能打动观者。因此希望在元素绘制阶段尽可能由内心出发，按照自己最喜欢的方式，绘制自己最感兴趣的内容，不必拘泥于绘制方法。

2. 绘制的内容要表达一定的故事或内涵。面料图案设计作品最终是一幅可以读的图，而不仅仅是表面上的好看。如果观者可以从情感上与面料图案中的内容产生共鸣，则一定会接受图案本身。

3. 绘制元素应有主次区别。元素在组合成面料图案时如果在形式上有区别、有对比，会更容易符合形式美感的要求，使面料图案更加美观。例如，元素在大小上、组合上层次越多、变化越多，越方便使用。

4. 绘制元素应有虚实区别。服装面料图案是存在于二维平面的设计产品。为了使图案效果更动人，我们很多时候会追求在平面的效果上创造出更多三维感的空间效果。利用元素的虚实效果，创造层次感，是我们常用的一种方法，效果也立竿见影。

5. 绘制图案元素同时需注意彼此的共性。所谓共性可以体现在多个方面，如色彩上有联系或在某一个或几个色彩要素上相同。例如，在下面的案例中，两个图案元素中的蓝色建立起元素之间的联系，使之存在共性。共性还可以是绘制手法、图形风格、表达内涵等方面的共性，之后的案例中会一一说明。

第一节　手绘素材服装面料图案设计的基本方法

当我们完成手绘素材，进一步组织成适合作为服装面料图案的画面时，需要对画面的层次感、节奏感、排列方式等做综合处理。

案例 2.1.1　主次不同的手绘元素组合服装面料图案设计

（作品作者：黄紫微）

第一步：绘制基本图案素材，如图 2-1-1(a)、图 2-1-1(b)。考虑到方便后期画面组织，绘制手绘图案素材时，在内容或形式上需注重图案的主次。例如，具象与抽象的区别，具体图案与肌理图案的区别。

第二步：排列图案素材，如图 2-1-1(c)、图 2-1-1(d)。

第三步：组合图案素材，完成服装面料图案设计。对组合图案素材进行调整，以使最终面料图案的层次感、对比感达到最满意状态，如图 2-1-1(e)，加深底纹色彩，主体元素色彩用浅色衬托，使最终服装面料图案的色彩关系跳跃而分明。

图 2-1-1(a)

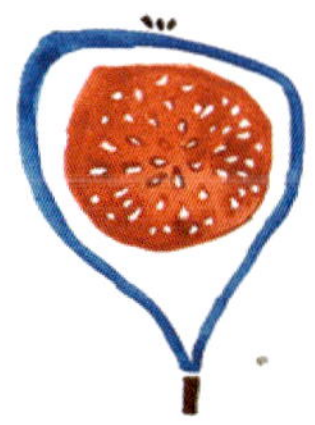

图 2-1-1(b)

图 2-1-1(c)

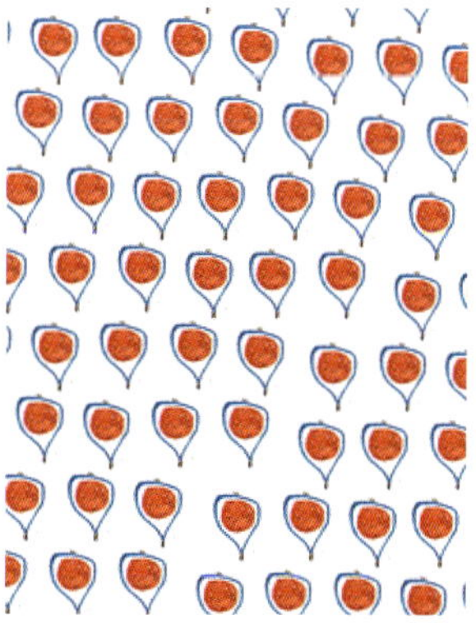

图 2-1-1(d)

图 2-1-1(e)

案例 2.1.2 虚实不同的手绘元素组合服装面料图案设计

（作品作者：黄紫微）

本案例以手绘影视人物肖像为基本元素设计服装面料图案。这组人物肖像为著名喜剧人物，颇受大众喜欢。选择这样的内容作为面料图案设计的素材很容易引起观者共鸣，因此是鼓励的。但人物肖像素材用于服装面料图案设计时，有很多需要注意的问题，这在本书关于人物素材应用于服装面料图案的章节中会具体说明。人物形象往往由于过于突出，在图案设计中不易协调。本案例中作者利用虚实手法有效地解决了这一问题。

第一步：手绘完成人物肖像元素，如图 2-1-2（a）。

第二步：以几何图形丰富画面，如图 2-1-2（b）。

第三步：制作相同元素的虚底，如图 2-1-2（c）。

第四步：合成虚实不同的画面，完成服装面料图案设计，如图 2-1-2(d)。

从最终结果可以看出，即使是同一元素，在处理过虚实关系后，画面层次也会变得丰富、悦目。

图 2-1-2（a）

图 2-1-2（b）

图 2-1-2（c）

图 2-1-2（d）

案例 2.1.3 同类手绘元素组合服装面料图案设计层次感的处理

（作品作者：陈珺）

第一步：手绘感兴趣的同类元素。完成一款服装面料图案设计时，所绘基本元素如果有一定相关性，也就是我们说的同类元素，容易使最终画面获得突出的风格或主题。这种相关性可以是内容上的相关，也可以是表现手法上的相关。本案例中的手绘元素在内容上是对比冲突的，但在手法上是一致的，如图 2-1-3(a)。

第二步：为手绘元素填色，并将手绘元素组合。将其他手绘元素填色并置于底纹上后，出现手绘元素难以分辨、缺乏层次感的问题。本案例采取两种有效的手法：一、为元素填充纯度或明度高于底纹的色彩；二、为元素勾边，且色彩与底色的对比度要强，如图 2-1-3(b)。

第三步：完成服装面料图案设计，如图 2-1-3(c)、图 2-1-3(d)。

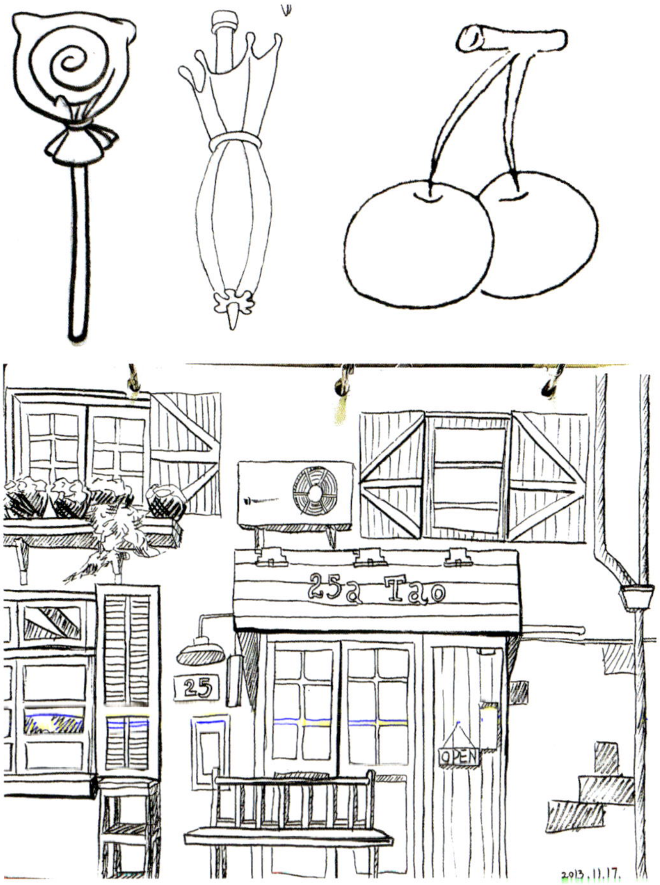

图 2-1-3（a）

图 2-1-3（b）

图 2-1-3（c）

图 2-1-3（d）

案例 2.1.4 手绘几何元素服装面料图案设计

（作品作者：夏晓芸）

第一步：手绘金属感的三角形，并以条纹、点状元素组合成三角形，使元素本身具备点、线、面。手绘的生动的线条、肌理可以使原本单一的几何形呈现更多变化，如图 2-1-4（a）。手绘的工具除金银色的水粉颜料，还有黑色水笔，如图 2-1-4（b）。

第二步：将手绘元素扫描至电脑，利用Photoshop软件调整元素的大小，形成空间感。

第三步：为画面增加虚化后的格纹底纹，配合三角形的金属感色彩，完成服装面料图案的设计，如图 2-1-4（c）。

图 2-1-4(a)

图 2-1-4(b)

图 2-1-4(c)

案例 2.1.5 创意手绘元素服装面料图案设计

本案例的特殊之处在于，设计者借助自己的手掌画出了生动的图案。希望通过此案例，启发学习者在绘制元素的过程中开拓想象力，应用一切有可能应用的材料、工具和手法，创造意想不到的效果。

第一步：把手掌放到纸上，用彩色铅笔画下手的轮廓，如图 2-1-5（a）。

第二步：变换手掌的方向，或变换纸的方向，最终完成多个手掌图案。

第三步：用水溶性彩色铅笔上色，手掌交错的地方加深色，部分区域以水晕染，形成干湿对比，如图 2-1-5（b）。

第四步：将手绘元素扫描后输入电脑，调整方向，以互相交错的方式布满画面。

第五步：为完成的元素加上点状底纹，手掌元素以无规律的方式排列，底纹点状排列选择有规律的方式排列，不同颜色底纹使完成后的图案效果不同，如图 2-1-5（c）。完成服装面料图案作品，如图 2-1-5（d）。

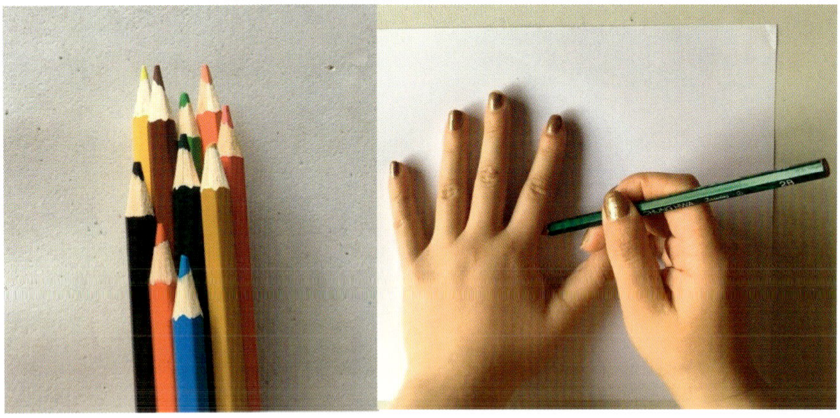

图 2-1-5（a）

图 2-1-5（b）

图 2-1-5（c）

图 2-1-5（d）

案例 2.1.6 简单手绘元素复制服装面料图案设计

（作品作者：陈珺）

第一步：原始手绘素材完成后，通过扫描等手段，将其输入电脑，方便复制或调整色彩。如图 2-1-6（a），手绘抽象植物素材。

第二步：将原始手绘素材修改成绿色系与红色系两组。复制素材，并调整大小后排列于画面中，最终完成面料纹样的设计，如图 2-1-6（b）。

案例 2.1.7 简单手绘元素服装面料图案设计

（作品作者：陈珺）

第一步：手绘基本素材，如图 2-1-7（a）。

第二步：手绘原始素材依照节奏感排列于画面中，并利用软件调整色调、添加底色，最终完成图 2-1-7(b) 的服装面料图案设计作品。

图 2-1-6（a）

图 2-1-7（a）

图 2-1-6（b）

图 2-1-7（b）

第二节 手绘水彩素材服装面料图案设计

以水彩画的方式绘制图案素材是服装面料图案设计师常用的方法。水彩画法绘制服装面料图案素材有很多优势。从绘制角度看，水彩画法较为容易掌握，而且除传统的水彩颜料外，水溶性铅笔也可以在一定程度上做出水彩的效果；从呈现结果看，水彩画法绘制的图案素材轻盈、透明，适合服装面料图案设计中飘逸、清新风格的产品，符合现代审美的要求；从图案设计的后期整理看，水彩画法所得的图案素材，可虚可实，因此方便与其他素材结合使用，以产生变化丰富的效果。

案例 2.2.1 手绘水彩几何素材服装面料图案设计

（作品作者：莫礼凤）

第一步：如图 2-2-1（a），原始手绘几何水彩素材。

第二步：如图 2-2-1（b），原始手绘几何素材与叶子元素叠加。

第三步：如图 2-2-1（c），调整色彩，实现一花多色，完成图案设计。

案例 2.2.2 手绘水彩植物素材服装面料图案设计

（作品作者：莫礼凤）

如图 2-2-2。

案例 2.2.3 手绘水彩花卉素材服装面料图案设计

（作品作者：莫礼凤）

如图 2-2-3。

图 2-2-1（a）

图 2-2-1（b）

图 2-2-1（c）

图 2-2-2

图 2-2-3

案例 2.2.4 手绘水彩花卉素材服装面料图案设计

（作品作者：黄紫微）

第一步：手绘水彩花卉元素 。此案例中的几朵手绘小花，画得非常轻松、自然，并且有点线面不同形式的组合。水彩画法体现了层次丰富、有晕染变化的特点，如图 2-2-4（a）。

第二步：确立色彩。如图 2-2-4（b）是希望呈现的色彩效果。

第三步：将手绘花型扫描到电脑，用 Photoshop 软件调整。根据已确立的色彩效果，调整元素色彩。软件中选择“影像 - 负片”，调整色彩饱和度和色彩平衡，得到如图 2-2-4（c）花卉色彩结果。

第四步：将调整后的花卉元素布满画面。排列时注意以花头为主，必要的区域裁掉花茎。强调花头的作用，形成以点为主的形式规律。花头大小根据需要可以变化，使层次丰富。注意花头的前后关系，利用色彩的对比，造成空间感。

第五步：参考图 2-2-4（b）的色调，为花卉元素加深色底，完成服装面料图案设计，如图 2-2-4（d）。

图 2-2-4（a）

图 2-2-4（b）

图 2-2-4（c）

图 2-2-4（d）

案例 2.2.5 手绘水彩花卉素材服装面料图案设计

（作品作者：王艺锦）

此案例中，图案主体部分以手绘水彩的方式完成，后期用 Photoshop 对色彩及少量元素的位置做微调。充分地体现色彩的互相渗透及晕染效果。花卉形式介于抽象与具象之间，兼顾形式效果及内容。红蓝对比色的存在解决了画面重量感不足的问题，使画面更丰富，如图 2-2-5。

案例 2.2.6 手绘水彩抽象风景素材服装面料图案设计

手绘抽象风景图案，相较于花卉图案更特别一点，色彩方面，大面积的蓝绿色调点缀以黄色，形成对比，再用黑白色平衡画面，如图 2-2-6。

图 2-2-5

图 2-2-6

第三节　手绘黑白素材服装面料图案设计

黑白装饰画是设计师经常会绘制的一类图案设计元素。它操作简单，工具便捷；而且绘画过程是循序渐进式的，在修改、调整的过程中完成作品，不容易出错；同时不必考虑色彩，只需考虑画面中点、线、面的关系和节奏感。因此，黑白装饰画是最易完成且易成功的一类基本元素，非常便于用在服装面料图案中。

案例 2.3.1　手绘黑白花卉元素服装面料图案设计

（作品作者：刘卉妍）

第一步：手绘创意花卉元素，为服装面料图案设计做前期准备。如图 2-3-1（a）。

第二步：利用电脑软件将基本元素组合起来，注意黑白灰层次关系及疏密节奏感，如图 2-3-1（b）。

第三步：利用电脑软件，对拼接好的服装面料图案再处理。肌理上，增加斑驳感，为原本平淡的设计图增加变化。色彩上，点缀其他色彩。黑白色的无彩色特性，使点缀色选择的范围非常广。最终完成服装面料图案设计及应用，如图 2-3-1（c）、图 2-3-1（d）。黑白元素拼接后的图案表现效果比较稳定，但同时也比较常规，显得没有特色。此案例中对肌理及色彩的调整，使作品不同于常见黑白装饰画，更具特色。

图 2-3-1(a)

图 2-3-1(b)

图 2-3-1(c)

图 2-3-1(d)

案例 2.3.2 手绘黑白几何元素与其他元素组合服装面料图案设计

（作品作者：王玥）

黑白色、几何元素都是服装面料图案设计中易组合、易应用的素材。而黑白几何元素的这个特征则更为明显。本案例介绍手绘黑白几何元素与其他元素组合完成图案设计的方法。

第一步：手绘黑白元素作为图案底纹，如图 2-3-2(a)。

第二步：选择具象元素作为画面主体元素，如图 2-3-2(b)。

第三步：根据色调调整手绘黑白画元素色彩，如图 2-3-2(c)。

第四步：将底纹元素与表层元素拼接后叠加，如图 2-3-2(d)。

第五步：叠加后发现，画面层次有些单一、直白，于是调整为两种元素前后穿插的效果，完成服装图案设计，如图 2-3-2(e)。

图 2-3-2(a)

图 2-3-2(b)

图 2-3-2(c)

图 2-3-2(d)

图 2-3-2(e)

第四节 手绘素材与其他元素结合服装面料图案设计

手绘是服装面料图案设计素材的最基本方法，其与多种元素的结合，利用不同素材的特点，会产生丰富的效果。本节通过具体的案例说明多种元素结合使用的内容及方法。例如，常用手绘素材与摄影素材结合的服装面料图案设计。手绘素材经设计师或画家手绘过后充满艺术创作的温度，有普通摄影图片不可比拟的魅力，而摄影图片真实反映现实的光影形象，其真实细腻程度也是手绘素材无法体现的。如能在服装面料图案设计中将这两种素材结合使用，既可利用两者的优势，又可在两种不同素材的对比中获得丰富的层次。

案例 2.4.1 手绘素材与肌理素材结合服装面料图案设计

（作品作者：赵艳群）

第一步：手绘原始素材，如图 2-4-1（a）。

第二步：选择肌理素材，如图 2-4-1（b）。

第三步：从图 2-4-1(a) 中，选取适合使用的部分，调整大小并布满画面。

第四步：将图 2-4-1(b) 与第三步得到的结果，利用 Photoshop 软件中的“正片叠底”工具叠加。

第五步：根据色彩要求，调整画面色彩，可参考流行趋势中对当季色彩的指导，得到如图 2-4-1(c)、图 2-4-1(d) 的效果。

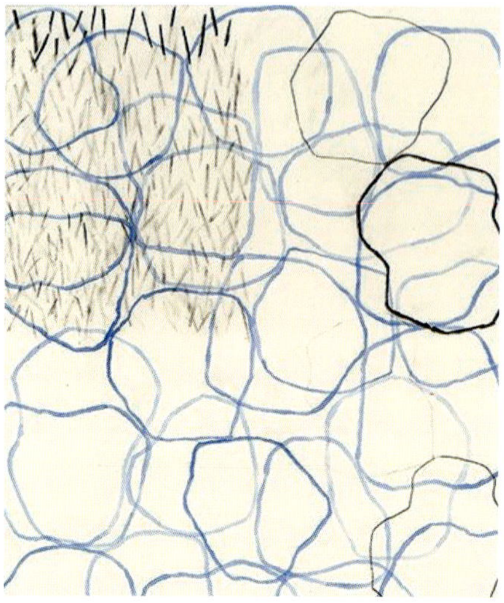

图 2-4-1(a)

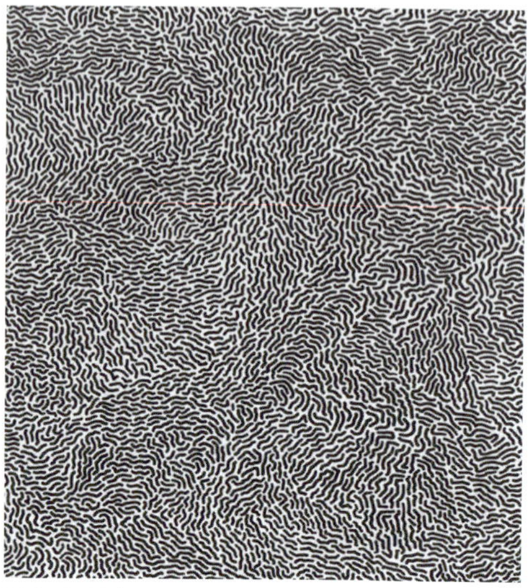

图 2-4-1(b)

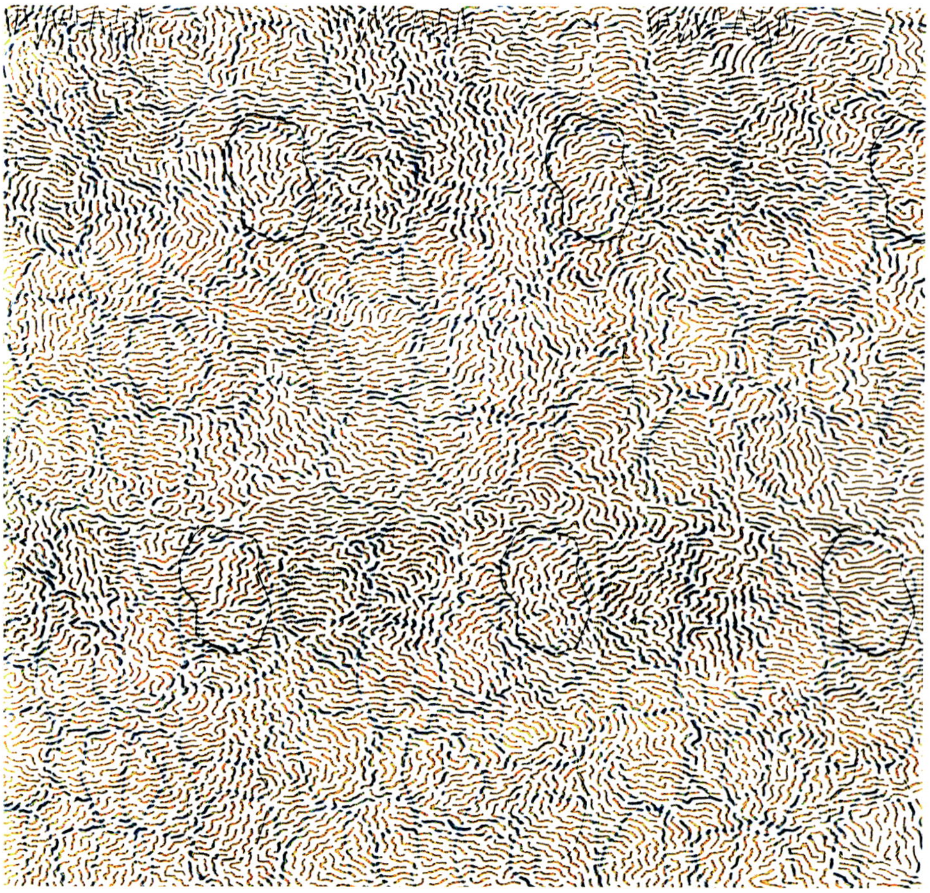

图 2-4-1(c)

图 2-4-1(d)

案例 2.4.2 手绘素材与摄影素材结合服装面料图案设计

（作品作者：赵艳群）

第一步：手绘水彩痕迹素材，注意发挥水彩作品特有的晕染变化的肌理特征，如图 2-4-2(a)。

第二步：调整修改手绘水彩素材，利用软件去色功能，将原始手绘素材调整为黑白色，如图 2-4-2(b)。

第三步：选取摄影图片，如图 2-4-2（c）。这张摄影图片是设计师所拍摄的一张演出时观众席的照片。照片中光影的部分非常有趣，选取这部分内容作为设计基本素材。

第四步：影子照片用 Photoshop 软件，多次用镜像、返像功能处理，再将处理结果复制后布满画面，得到如图 2-4-2(d) 效果。

第五步：两个素材利用 Photoshop 软件中的“正片叠底”功能叠加，再用变形功能调整水彩痕迹的位置及形状，完成图案设计，如图 2-4-2(e)、图 2-4-2（f）。

图 2-4-2(a)

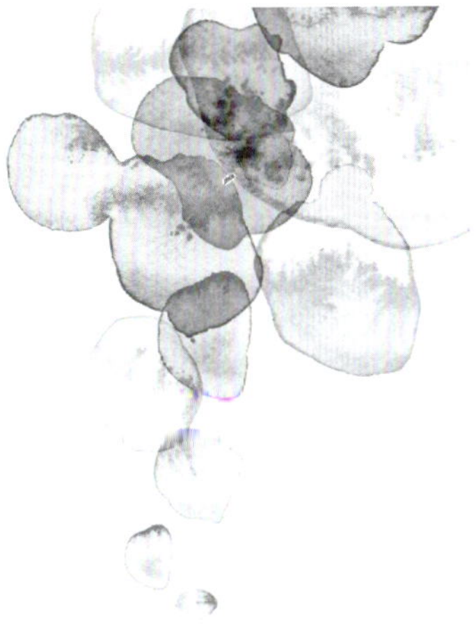

图 2-4-2(b)

图 2-4-2(c)

图 2-4-2(d)

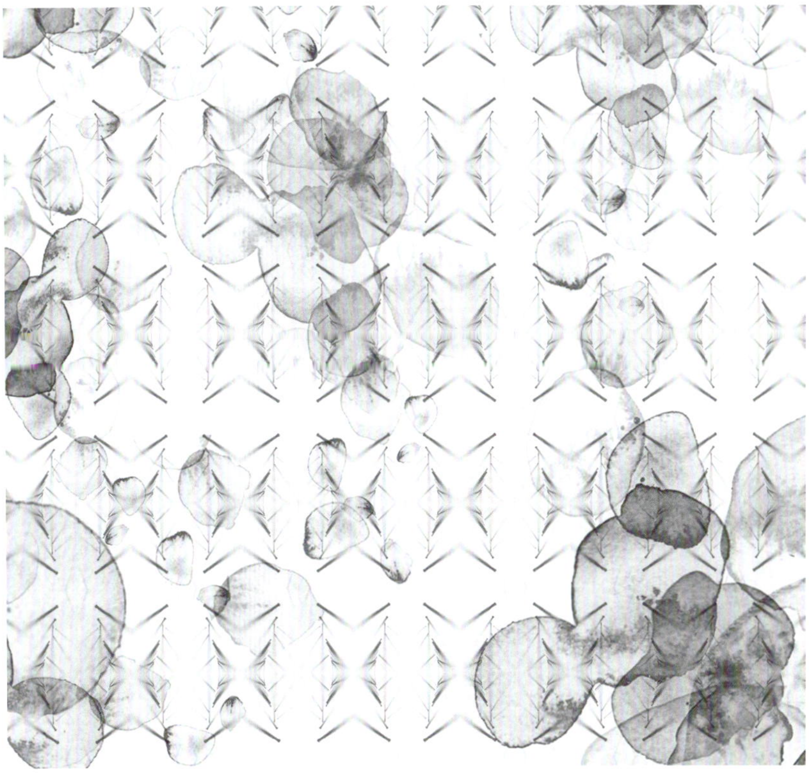

图 2-4-2(e)

图 2-4-2(f)

案例 2.4.3 手绘素材与摄影图片结合服装面料图案设计

（作品作者：何嘉怡）

本案例，设计者参考摄影图片绘制素材，并在最终完成服装面料图案设计作品时，同时采用手绘素材与摄影图片素材结合的方法。

第一步：参照图片素材完成手绘图稿，通过扫描等手段将手绘稿输入电脑，如图 2-4-3(a)。

第二步：选择摄影图片素材，并排列组合，得到图 2-4-3(b)。

第三步：手绘素材与图片素材组合，得到图 2-4-3(c)。

第四步：将单位图案扩展并接版，完成服装面料图案设计，如图 2-4-3(d)。

图 2-4-3(a)

图 2-4-3(b)

图 2-4-3(c)

图 2-4-3(d)

案例 2.4.4 手绘花卉与水墨素材结合服装面料图案设计

（作品作者：王依土）

本案例中，手绘花卉元素与水墨形成的肌理元素结合，最终效果有动有静、有虚有实，值得学习，步骤介绍如下：

第一步：油性黑色颜料滴于液体中，适当搅动后，得到如图 2-4-4(a) 效果。用相机拍摄后，将照片输入电脑，作为素材。

第二步：用 Photoshop 软件对图 2-4-4(a) 照片素材进行调整。裁切效果理想的部分复制后排列布满画面。同时，调整油墨肌理图案的透明度，使其更容易与花卉素材融合。

第三步：手绘花卉素材。将花卉素材扫描后输入电脑，用 Photoshop 软件调整，反复复制后，排列于画面，得到如图 2-4-4(b) 效果。

第四步：调整图 2-4-4(b)图案的透明度，使其纯度降低，并与图 2-4-4（a）融合，完成服装面料图案设计，如图 2-4-4(c)、图 2-4-4（d）、图 2-4-4（e）。

图 2-4-4(a)

图 2-4-4(b)

图 2-4-4(c)

图 2-4-4(d)

图 2-4-4(e)

第五节　服装面料图案设计作品欣赏

图 2-5-1　作品作者：郑晓玉

图 2-5-2　作品作者：郑晓玉

图 2-5-3　作品作者：王艺锦

图 2-5-4　作品作者：王艺锦

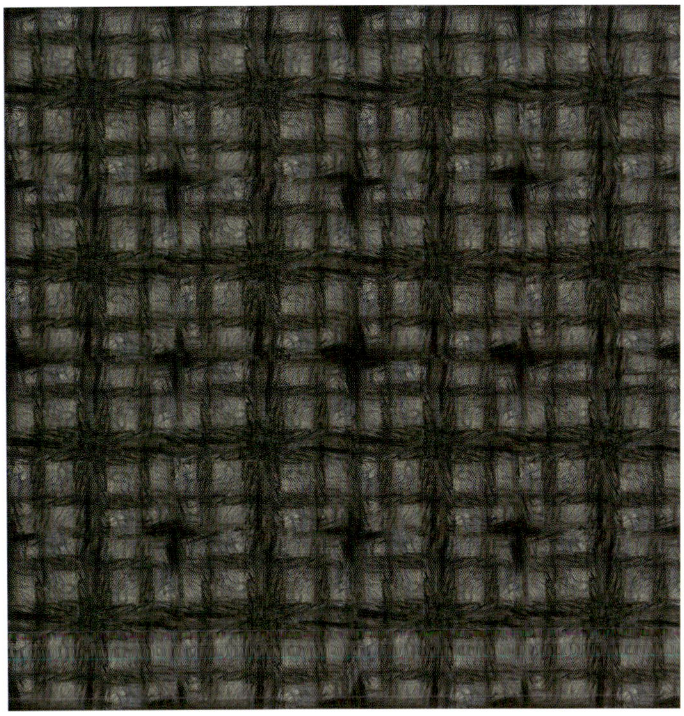

图 2-5-5 作品作者：赵艳群

图 2-5-6 作品作者：肖嘉希

图 2-5-7 作品作者：肖嘉希

图 2-5-8 作品作者：王玥

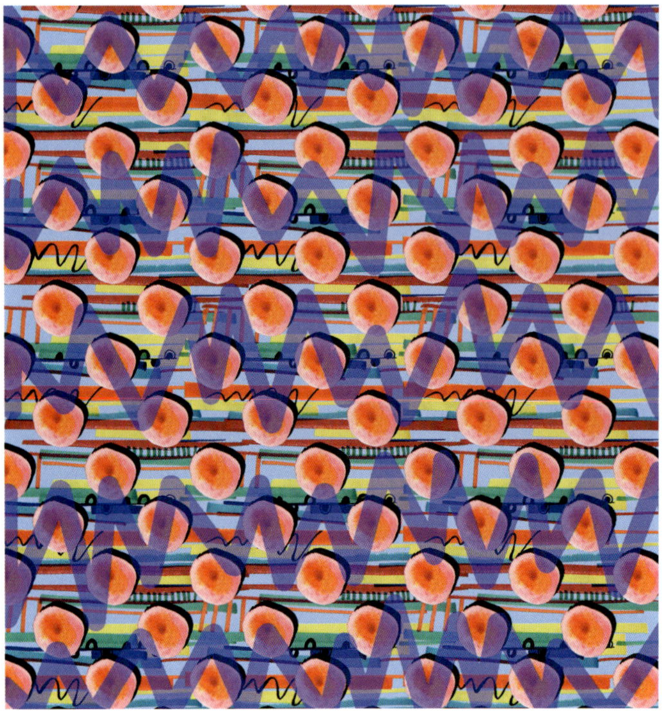

图 2-5-9　作品作者：陈珺

图 2-5-10　作品作者：殳彬玉

图 2-5-11　作品作者：殳彬玉

图 2-5-12　作品作者：陈妤

图 2-5-13　作品作者：袁晨烨

图 2-5-14　作品作者：袁晨烨

图 2-5-15　作品作者：王羿然

图 2-5-16　作品作者：刘宣麟

图 2-5-17　作品作者：彭珺旖

图 2-5-18　作品作者：陈琪

图 2-5-19　作品作者：彭珺旖

图 2-5-20　作品作者：陈琪

图 2-5-21　作品作者：赵世宇

图 2-5-22　作品作者：孙梦婷

图 2-5-23　作品作者：张佳

图 2-5-24　作品作者：刘宣麟

图 2-5-25　作品作者：刘宣麟

图 2-5-26　作品作者：王依土

图 2-5-27　作品作者：靳博宣

图 2-5-28　作品作者：顾旻杰

图 2-5-29　作品作者：顾雯然

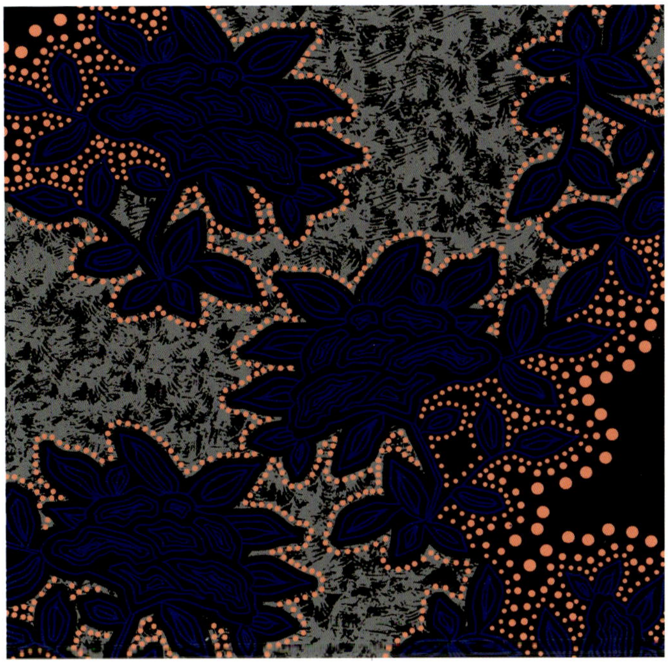

图 2-5-30　作品作者：张佳

图 2-5-31　作品作者：杨翃

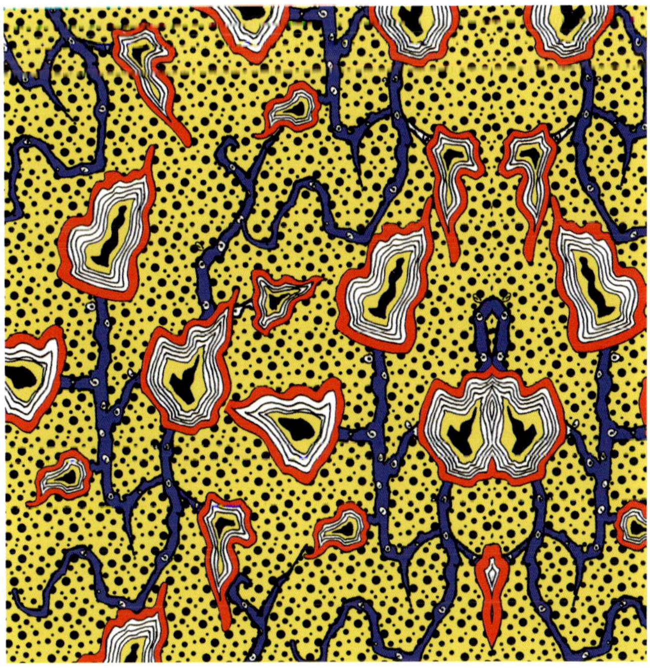

图 2-5-32　作品作者：王依土

图 2-5-33　作品作者：张雨曦

图 2-5-34　作品作者：孙梦婷

图 2-5-35　作品作者：刘宣麟

图 2-5-36　作品作者：沈珺妍

第三章

电脑软件辅助服装面料图案设计

现代设计形式离不开电脑软件的应用，在服装面料图案设计中也不例外。电脑软件在形式效果、工作效率方面等均会为设计工作带来前所未有的改善。但是作为设计师对设计软件的利用需恰如其分，把握尺度。如果过分依赖电脑软件，可能会使服装面料图案作品失去感性的温度。本章节重点讲述在服装面料图案设计中应用电脑软件的方法。

第一节 电脑软件绘制原始素材服装面料图案设计

通过手绘、摄影、手工制作等方式完成原始素材的积累，后期再通过电脑软件整合完善，最终完成服装面料图案的设计，是一种最常规的，且成功率较高、容易理解学习的设计方法。但有些时候，同学们会直接用 Photoshop 等软件绘制原始素材，由于在色彩、组织形式等方面把握得较好，最终的服装面料图案设计作品也会取得不错的效果。电脑软件呈现色彩更加艳丽、准确，选择使用色彩更加方便，有传统手绘或手工制作无法比拟的优势。所以，此类服装面料图案的重要特点往往也体现在色彩的使用上。

案例 3.1.1 电脑绘制原始素材服装面料图案设计

（作品作者：张泽译）

第一步：选取色彩。如前所述，此类图案的优势是对色彩的运用。因此选取色彩的环节非常关键。本案例的色彩是从一组流行色色卡中选取的，如图 3-1-1(a)。

第二步：用选取的色彩在 Photoshop 软件中随意勾画出图形元素，如图 3-1-1（b）所示，注意点、线、面元素的综合使用。

第三步：将绘制完成的元素排列、拼接，完成服装面料图案设计。如图 3-1-1(c)。

图 3-1-1（a）

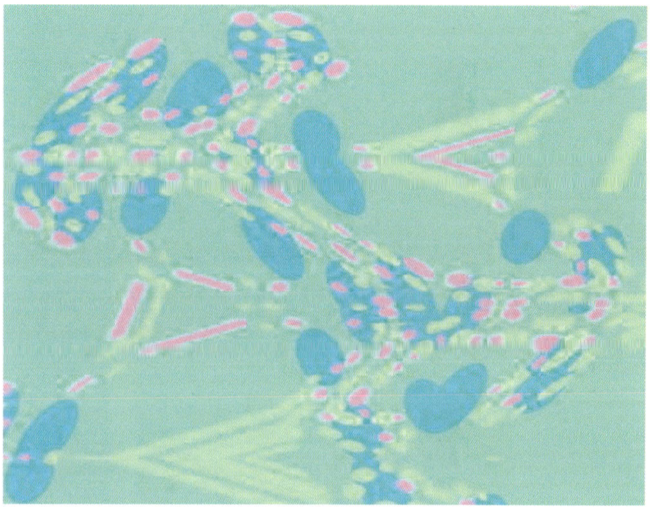

图 3-1-1(b)

图 3-1-1(c)

案例 3.1.2 电脑绘制原始素材服装面料图案设计

（作品作者：张泽译）

第一步：选择色彩。本案例选择黑白经典色，黑白色安全、百搭，适用范围广。

第二步：在 Photoshop 软件中绘制黑白相间两种图案。考虑到色彩组合简单，肌理形式尽量灵活多变，寻求多种变化。

第三步：将两种元素相间排列，布满画面。

第四步：调整画面不和谐的地方。调整画面色彩的对比度、饱和度等，完成服装面料图案设计，如图 3-1-2。

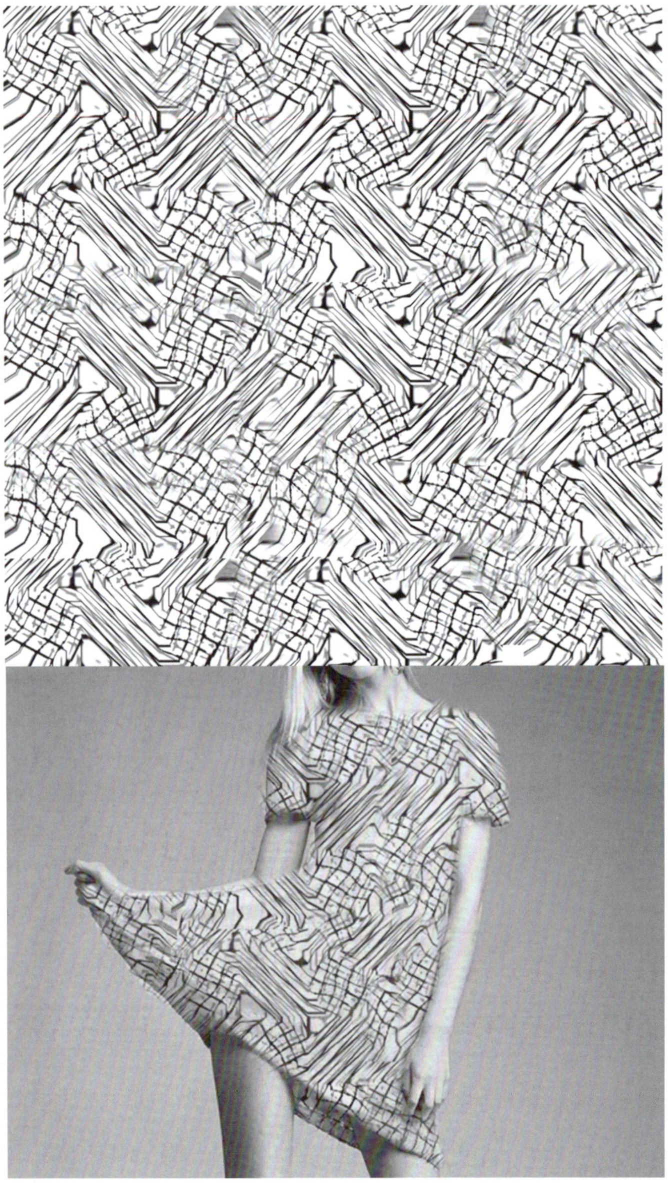

图 3-1-2

案例 3.1.3 电脑绘制原始素材服装面料图案设计

（作品作者：张泽译）

第一步：确定色彩。本案例选择色彩的策略是选择三原色的同时，以其中一种色系为主。本案例选择多种蓝色作为占比较大的配色，其次点缀少量红色及黄色。

第二步：三原色主体绘制完成后，以白色方框点缀，平衡杂乱的感觉，完成服装面料图案设计，如图 3-1-3。

图 3-1-3

案例 3.1.4 电脑绘制原始素材服装面料图案设计

（作品作者：顾诗雨）

第一步：电脑绘制原始素材，如图 3-1-4(a)。

第二步：结合肌理元素处理原始素材，使其变化丰富，并将变化后的元素布满整个画面，如图 3-1-4(b)。

第三步：为画面添加一个方格组成的底纹，并调整色调为蓝紫色，如图 3-1-4(c)。

第四步：绘制对比色线条，丰富画面。橙色与蓝紫色调对比强，为了画面和谐，应使线条所占面积较小。而线条本生虚实不同的层次使画面更丰富。同时，线条采取的波浪曲线与画面整体节奏协调，也是保证画面和谐的重要原因，如图 3-1-4(d)、图 3-1-4(e)。

第五步：合并所有元素，完成图案设计，如图 3-1-4（f）。

图 3-1-4(a)

图 3-1-4(b)

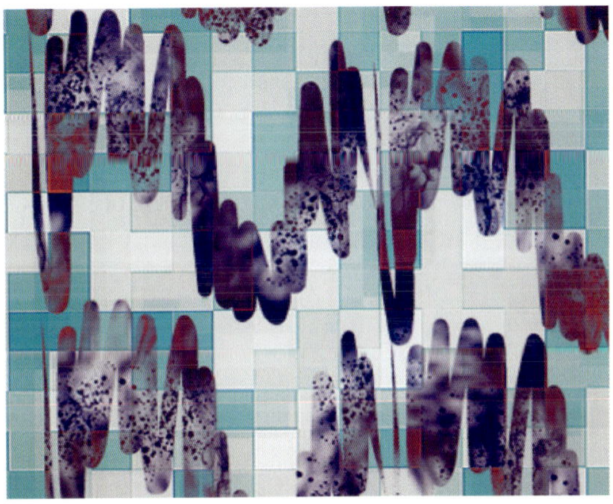
图 3-1-4(c)

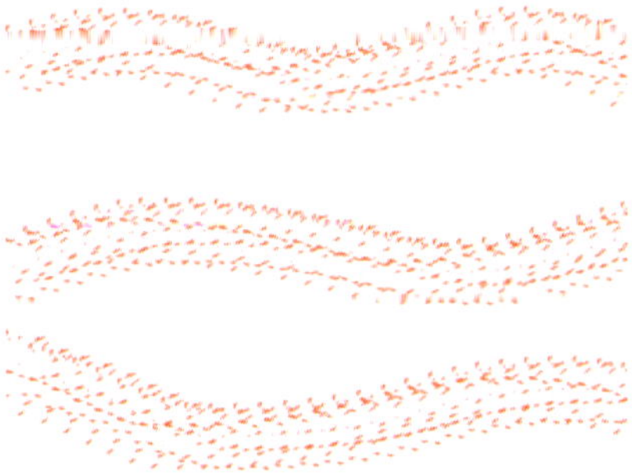
图 3-1-4(d)

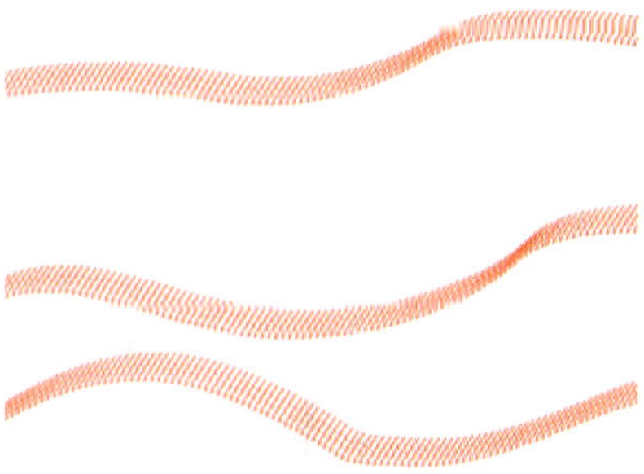
图 3-1-4(e)

图 3-1-4(f)

第二节 Photoshop 滤镜功能辅助服装面料图案设计

Photoshop 的滤镜功能可以轻松帮助图形实现多种效果。在服装图案设计课程中，Photoshop 的滤镜功能是常用功能之一。对滤镜的使用，值得同学们花较多时间去探索。以下介绍几种使用滤镜功能轻松实现奇妙服装图案设计的案例。

案例 3.2.1 用滤镜功能制作服装面料图案

（作品作者：张泽译）

原始素材如图 3-2-1（a）。

用滤镜功能调整后的图，如图 3-2-1（b）。

案例 3.2.2 用滤镜功能制作服装面料图案

（作品作者：何嘉怡）

原始素材如图 3-2-2（a）。

用滤镜功能调整后的图，如图 3-2-2（b）。

图 3-2-1（a）

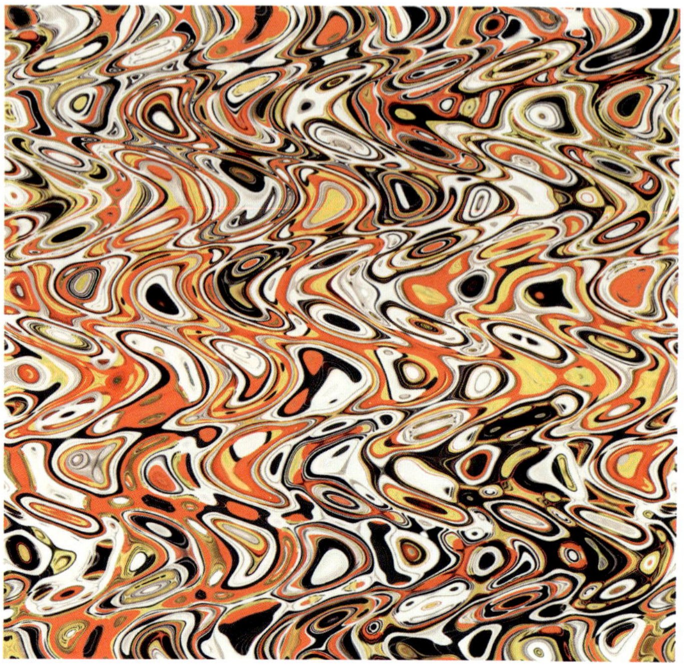

图 3-2-1（b）

图 3-2-2（a）

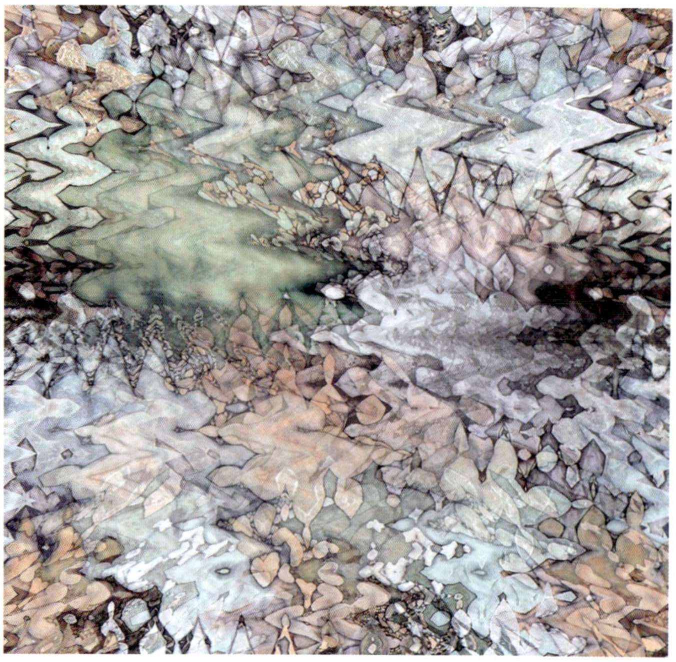

图 3-2-2（b）

第三节 服装面料图案设计作品欣赏

图 3-3-1 作品作者：余秀

图 3-3-2 作品作者：曾艳玲

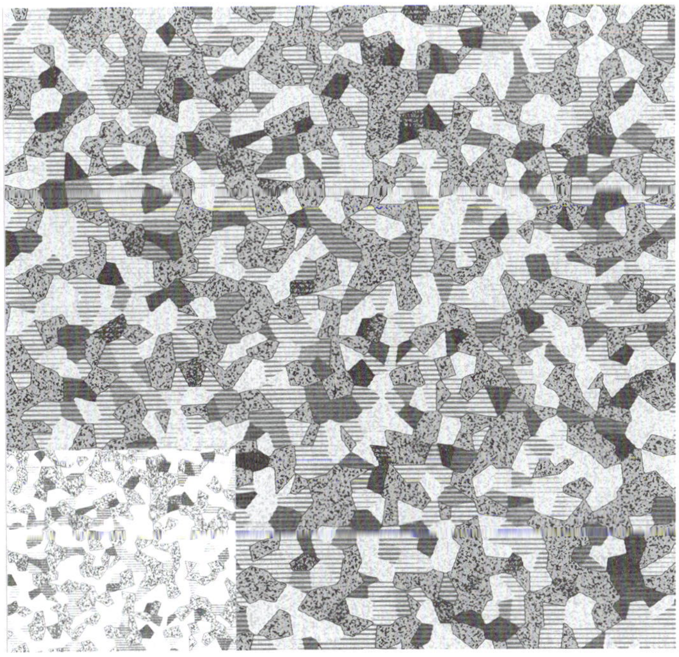

图 3-3-3 作品作者：赵艳群

图 3-3-4 作品作者：曾艳玲

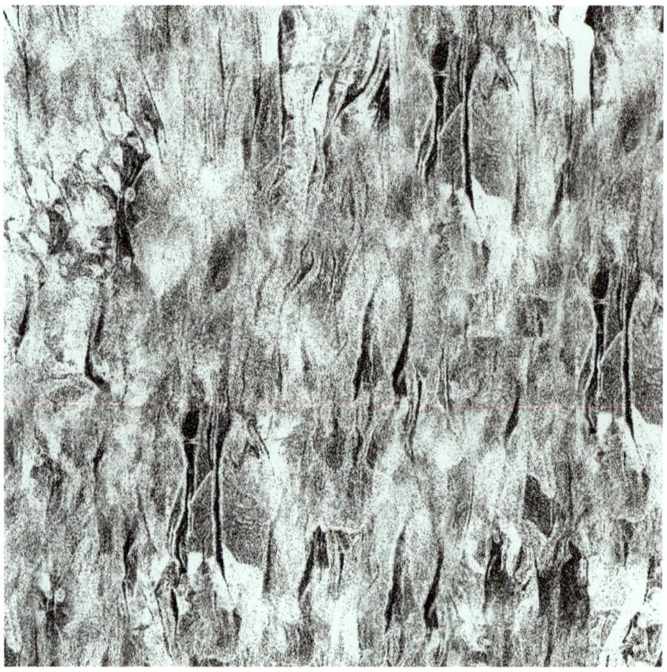

图 3-3-5　作品作者：曾艳玲

图 3-3-6　作品作者：吴娴

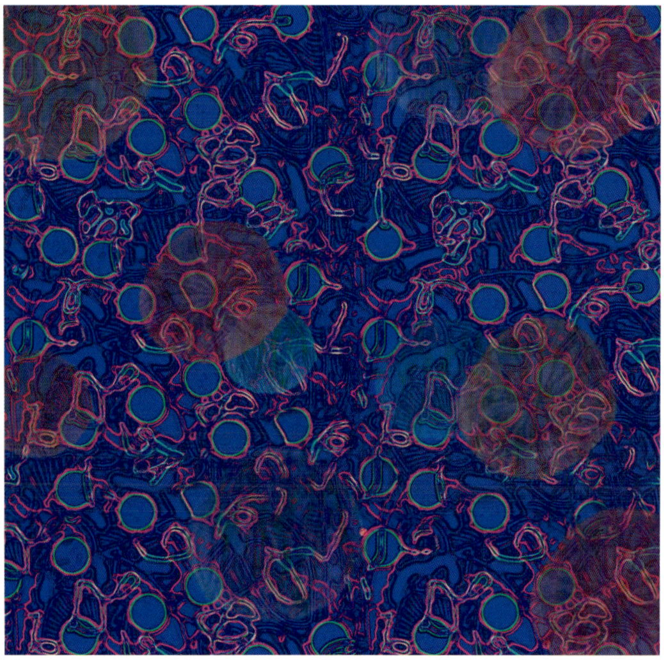

图 3-3-7　作品作者：黄紫微

图 3-3-8　作品作者：陈珺

图 3-3-9　作品作者：诸圣洁

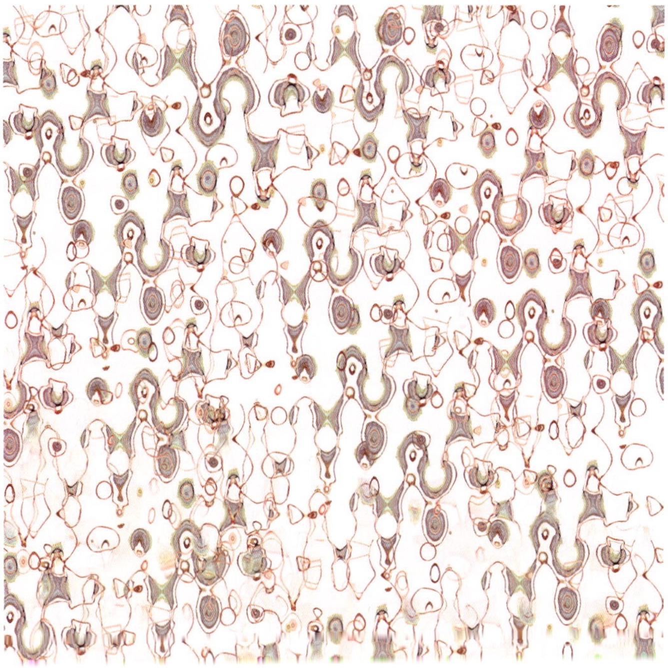

图 3-3-10　作品作者：孙梦婷

图 3-3-11　作品作者：张雨曦

图 3-3-12　作品作者：王依土

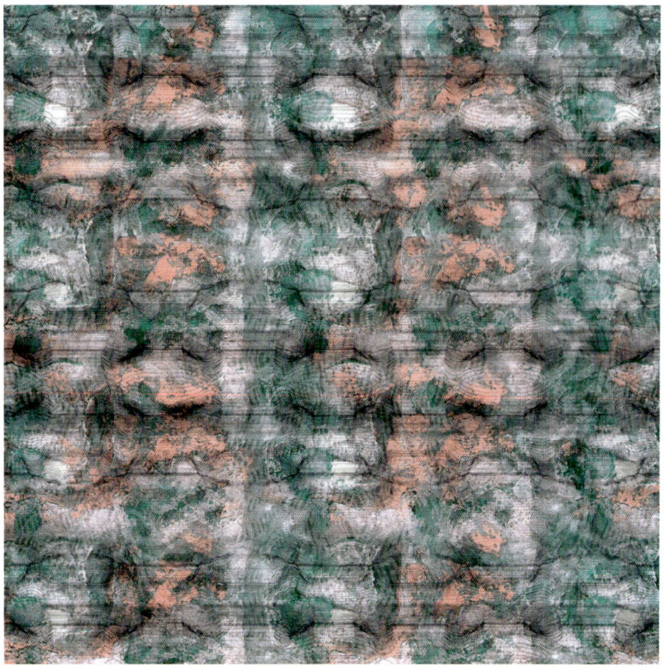
图 3-3-13　作品作者：谷明

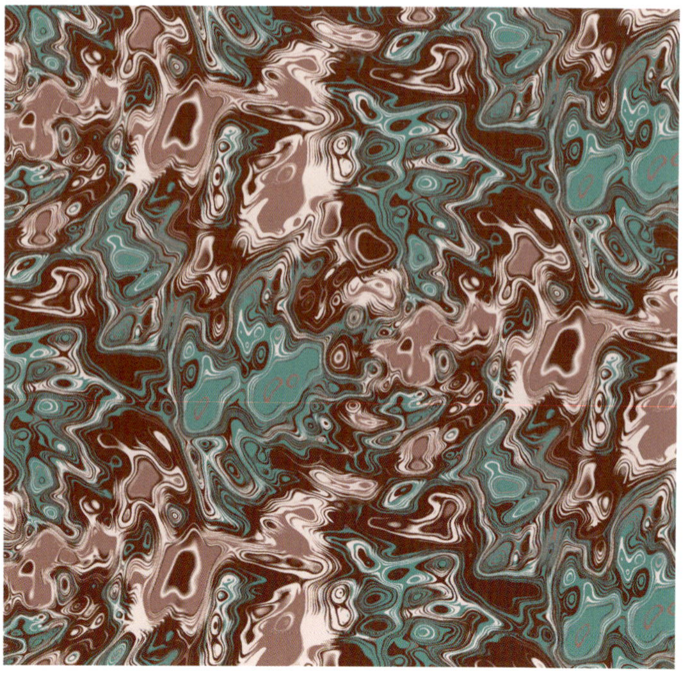
图 3-3-14　作品作者：侯凯婧

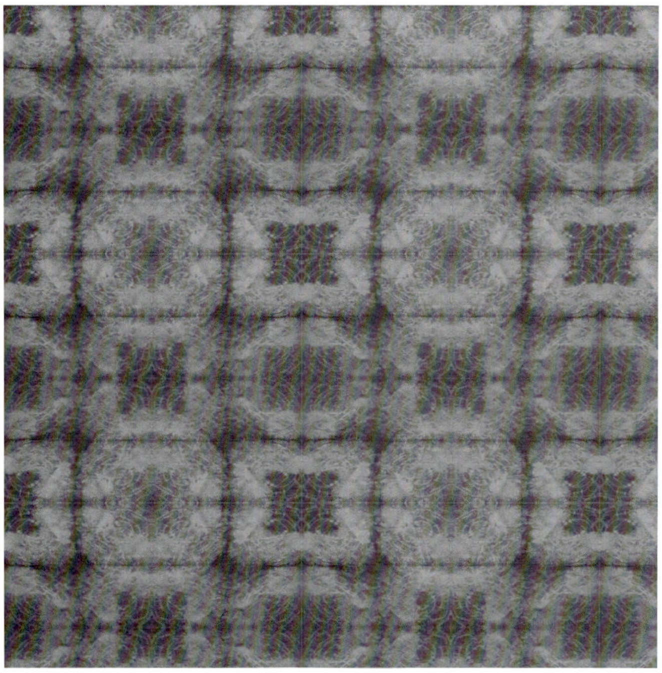
图 3-3-15　作品作者：李雯博

图 3-3-16　作品作者：周碧如

图 3-3-17　作品作者：王依土

图 3-3-18　作品作者：张雨曦

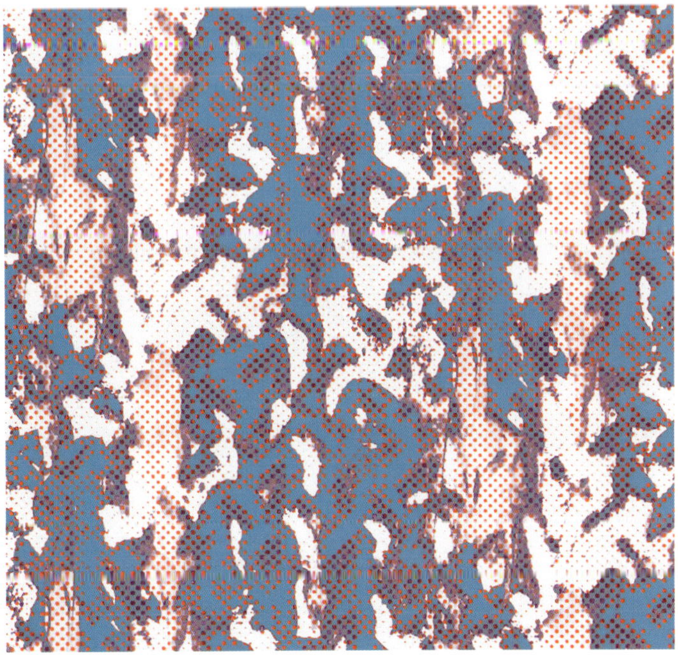

图 3-3-19　作品作者：张佳

图 3-3-20　作品作者：张佳

第四章

摄影素材服装面料图案设计

摄影素材能真实反映自然界和生活中的各种影像、场景，在表现力上，有其他手段无法比拟的长处。以往服装面料图案设计中，考虑到纺织面料的生产工艺比较难以实现，并不提倡使用摄影素材。但随着面料生产工艺的进步，特别是数码印花、热转移印花等工艺的发展，摄影作品中细腻丰富的变化已经可以在面料上得以实现。从设计效果看，生活中注意以摄影的方式搜集素材，必要时可以为服装面料图案设计提供多方面的帮助。无论是灵感，还是设计方法、设计元素，有时甚至只需对一张照片进行必要的图案化的调整即可达到要求。

第一节 摄影素材服装面料图案设计

案例 4.1.1 摄影素材服装面料图案设计

（作品作者：劳嘉麟）

本案例中，以两张摄影图片为原始素材，利用 Photoshop 软件处理后，完成强肌理感的服装面料图案设计。具体方法如下：

第一步：以一幅风景摄影照片为原始素材，如图 4-1-1（a）。选取照片中的石块部分作为面料纹样设计的素材。在 Photoshop 软件中，截取石块部分，通过复制、粘贴，填满整个画面，形成肌理感，如图 4-1-1（b）。

第二步：选取第二张原始素材图，如图 4-1-1（c），并调整第二张素材图的色调，如图 4-1-1（d）。

第三步：在 Photoshop 软件中，合并第一步和第二步的结果图，完成服装面料图案设计，如图 4-1-1（e）。

图 4-1-1（a）

图 4-1-1（b）

图 4-1-1（c）

图 4-1-1（d）

图 4-1-1（e）

案例 4.1.2 摄影素材服装面料图案设计

第一步：选取两张图片作为原始素材，一张为雪地照片，如图 4-1-2（a），一张为落叶照片，如图 4-1-2（b）。简单处理后，以混合模式中的“穿透模式”合成图 4-1-2（c）。

第二步：二次覆盖落叶照片，并再次选择混合模式中的“穿透模式”合成图 4-1-2（d）。

第三步：合成后得到的图片重色区颜色偏黑，影响整体效果。对暗色区逐一进行调整，完成服装面料图案设计，如图 4-1-2（e）。

图 4-1-2（a）

图 4-1-2（b）

图 4-1-2（c）

图 4-1-2（d）

图 4-1-2（e）

案例 4.1.3 摄影素材服装面料图案设计

（作品作者：赵艳群）

第一步：选择适合的摄影照片作为原始素材，可以选择有肌理感或有一定秩序感、形式感的照片，如图 4-1-3（a）。

第二步：利用 Photoshop 软件中的滤镜功能多次调整，得到如图 4-1-3（b）效果。

第三步：利用 Photoshop 软件中的调整色阶功能进行色调调整。随后，对必要区域的色块进行重新填色，完成服装面料图案的设计，如图 4-1-3（c）。

第四步：利用 Photoshop 软件中的去色功能，得到黑白配色的同款不同色服装面料图案，如图 4-1-3（d）。

图 4-1-3（a）

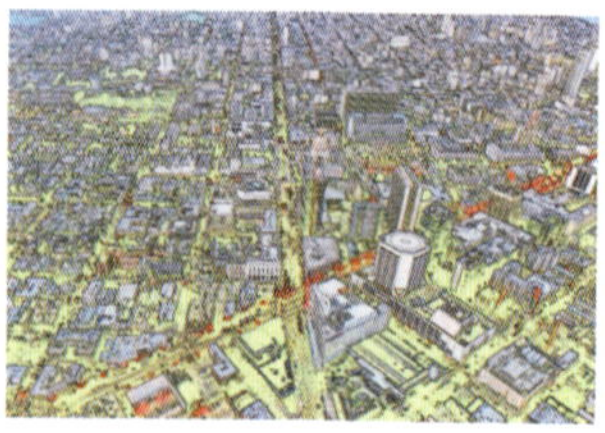

图 4-1-3（b）

图 4-1-3（c）

图 4-1-3（d）

案例 4.1.4　摄影素材服装面料图案设计

（作品作者：赵艳群）

第一步：确定主题，搜集素材。确立“城市”的设计主题，设计者打算用地铁素材表现 ，于是搜集大量相关素材。从设计形式感角度出发，搜集素材时，需要注意对虚实不同、构成形式不同的多种素材的选择，如图 4-1-4（a）、图 4-1-4（b）、图 4-1-4（c）。

第二步：利用 Photoshop 软件，将所选的摄影素材打散成碎片，破坏其完整性，使其更容易融入服装面料图案的整体画面中。这是在设计实践中常用的一种办法，需要学习者熟练掌握。

第三步：利用软件，将打散后的素材拼贴到一起。起初拼贴完成时会出现边缘生硬、过渡不柔和，或对比太强的问题。这时可以采取降低素材透明度的办法，使素材影像彼此重合。还可以用橡皮工具擦拭素材边缘，使其变得柔和。

第四步：为使素材更有图案化的效果，可以选择软件中油画之类的功能调整画面风格，使其摆脱常规摄影作品的印象。

第五步：将搜集的上海地铁路线图按照前述方法打散、重构、调整。

第六步：将第四步与第五步得到的结果利用软件重叠。可用软件中的正片叠底工具，最终完成服装面料图案的设计，如图 4-1-4（d）。

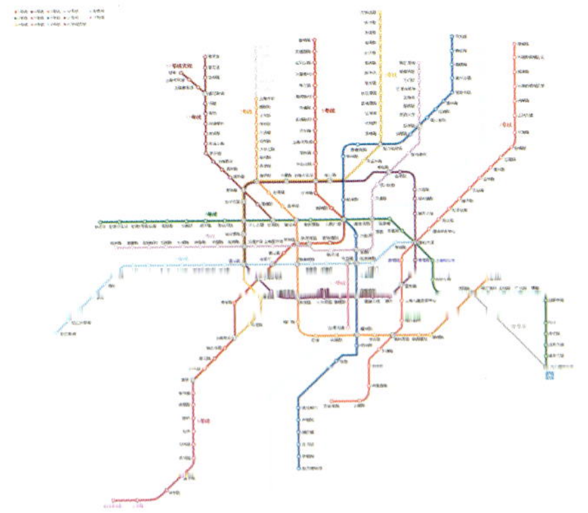

图 4-1-4（a）

图 4-1-4（b）

图 4-1-4（c）

图 4-1-4（d）

案例 4.1.5 借鉴摄影素材色彩的服装面料图案设计

服装面料图案设计借鉴摄影作品可以是多角度、多方面的。例如，对摄影作品色彩的应用，是常使用的方法。摄影作品的色彩来自现实生活或大自然，具有和谐美好的先天优势。

第一步：选取摄影作品，如图 4-1-5(a) 所示。对其中的色彩进行提炼，设计者提炼了其中代表性的蓝色系、红色系、金色系，如图 4-1-5(b) ~ 图 4-1-5（d）所示。

第二步：应用选取的色彩进行基本元素的绘制。建议绘制元素以几何元素为主，重在对各种必要的色彩的体现，方便后期使用，如组图 4-1-5(e)。

第三步：基本元素组合并布满画面。

第四步：利用滤镜调整画面肌理，完成服装面料图案设计，如图 4-1-5(f)。

图 4-1-5(b)

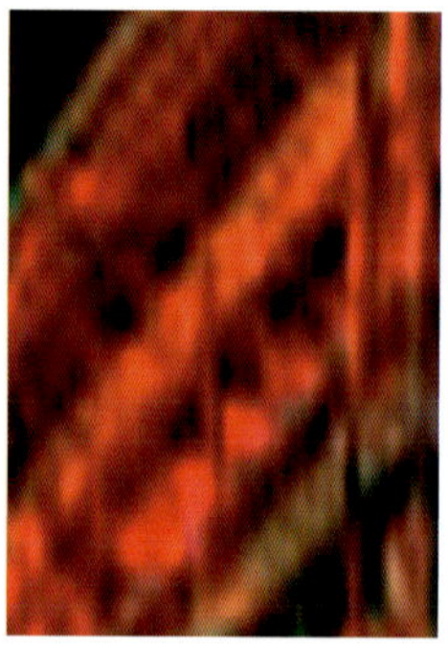

图 4-1-5(c)

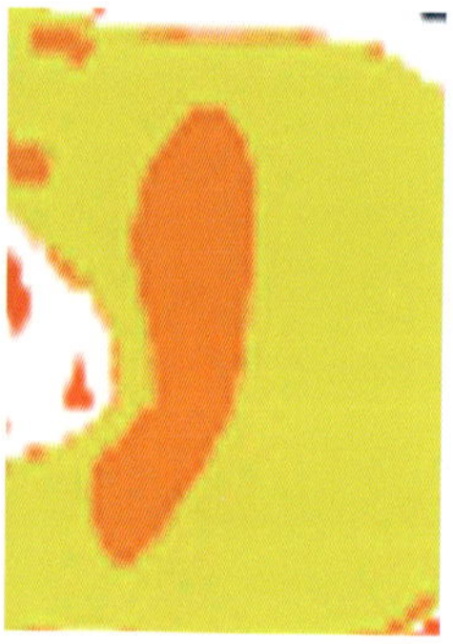

图 4-1-5(d)

图 4-1-5(a)

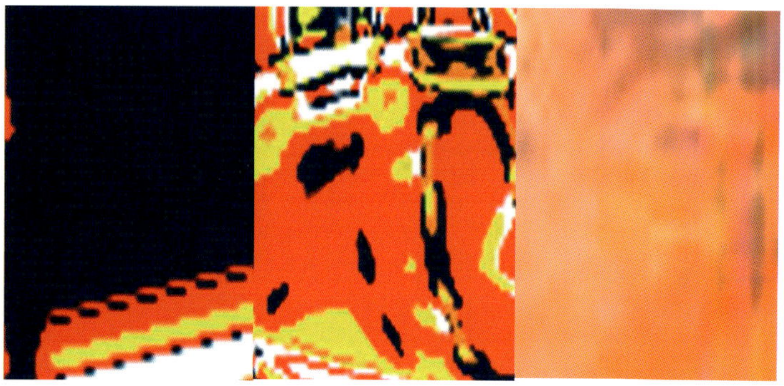

图 4-1-5(e)

图 4-1-5(f)

案例 4.1.6 摄影素材与手绘元素组合服装面料图案设计

自然界或生活中常常会存在一些天然的肌理，如树皮的肌理、泥土地的肌理等。这些肌理具备的天然美感，有时是很难通过人工制作达到的。因此，平时要善于搜集此类资料，准备随时在服装面料图案设计中应用。本案例利用龟裂的墙皮纹理为素材，完成服装面料图案设计。具体步骤如下：

第一步：选择墙壁有裂纹肌理的摄影图片，如图 4-1-6（a）裂纹墙壁。利用 Photoshop 软件将图片进行去色处理，再用曲线工具调整，去除杂色。然后将需要的局部提取出来，根据画面需要重新排列，重新合成背景图。

第二步：选取水彩手绘肌理图案，扫描入电脑，调整色彩，排列布满整个画面，如图 4-1-6（b）。

第三步：将前两步得到的结果在 Photoshop 软件中重叠，利用正片叠底功能实现融合，完成图案的设计，如图 4-1-6（c）。

图 4-1-6（a）

图 4-1-6（b）

图 4-1-6（c）

案例 4.1.7　摄影素材服装面料图案设计

纤维艺术作品本身在色彩、肌理效果等方面已经有完整表现，作为原始素材用于服装面料图案设计时较为便捷、有利。具体步骤如下：

第一步：选择纤维艺术作品的摄影图片作为原始素材，如图 4-1-7（a）。

第二步：利用 Illustrator 软件对原始图片进行调整，如图 4-1-7（b）。

第三步：选择窗口—图像描摹工具—选择色彩模式，得到图 4-1-7（c）。

第四步：选择效果—扭曲和变换—波形效果，如图 4-1-7（d），根据需求调整参数，得到图 4-1-7（e）效果。

第五步：绘制几何形具象图形，如图 4-1-7（f）。

第六步：将图 4-1-7（f）叠加于图 4-1-7（e）上，最终完成服装面料图案设计，如图 4-1-7（g）。

图 4-1-7（a）

图 4-1-7（b）

图 4-1-7（c）

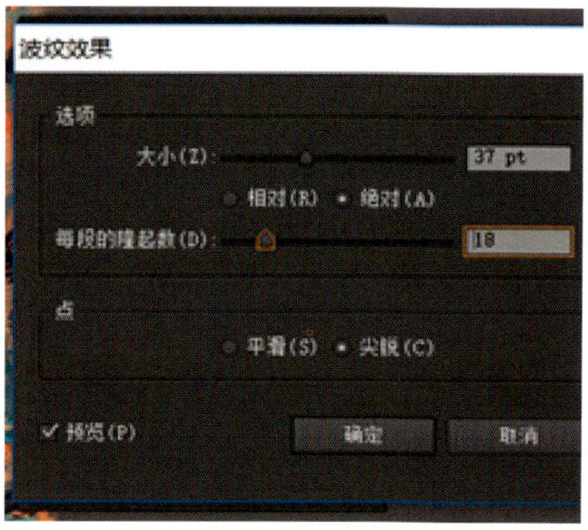

图 4-1-7（d）

图 4-1-7（e）

图 4-1-7（f）

图 4-1-7（g）

第二节 服装面料图案设计作品欣赏

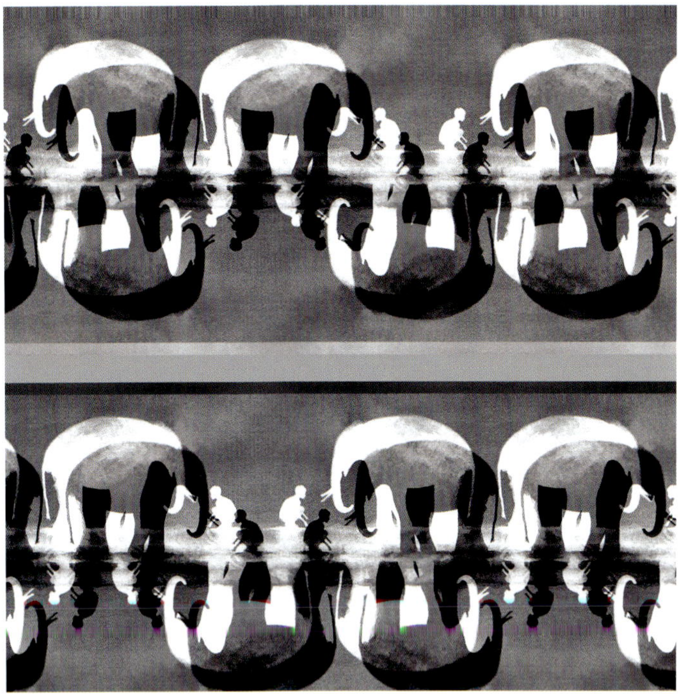

图 4-2-1 作品作者：李雯博

图 4-2-2 作品作者：刘希

图 4-2-3 作品作者：王辉娟

图 4-2-4 作品作者：马彦哲

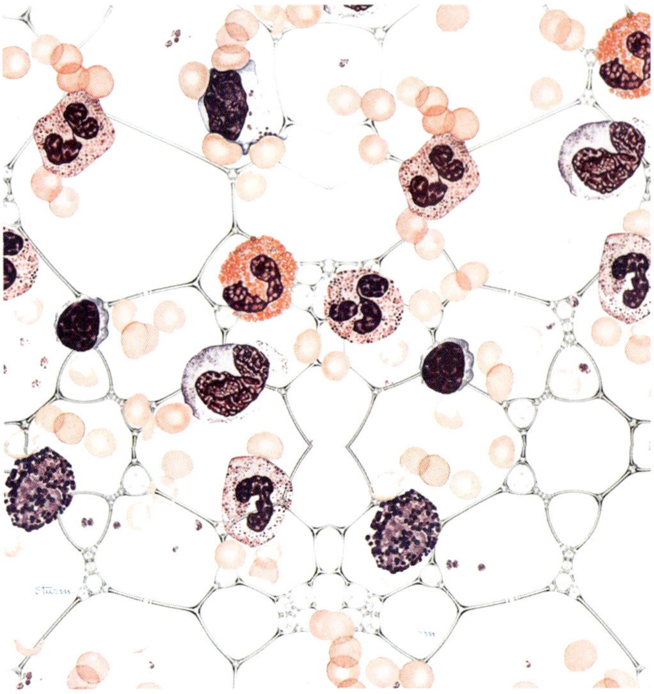

图 4-2-5　作品作者：陈妤

图 4-2-6　作品作者：曾艳玲

图 4-2-7　作品作者：曾艳玲

图 4-2-8　作品作者：张欣

图 4-2-9 作品作者：曾艳玲

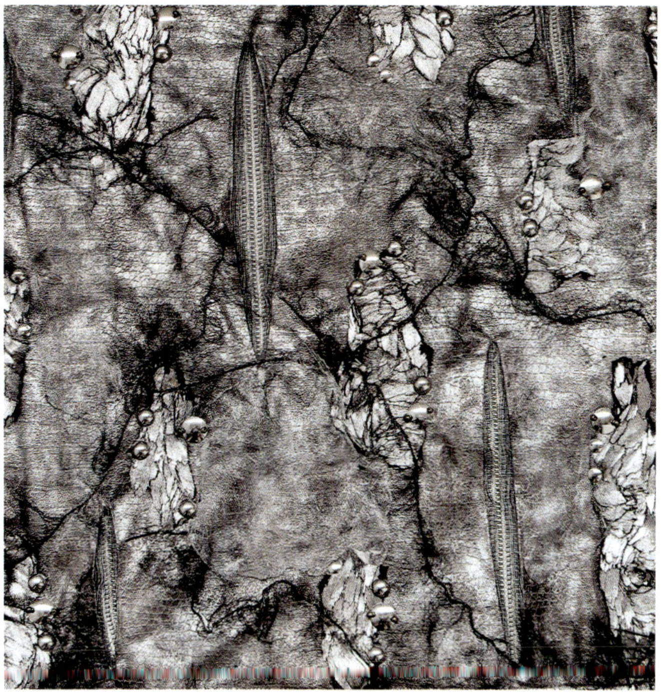

图 4 2 10 作品作者：曾艳玲

图 4-2-11 作品作者：王辉娟

图 4-2-12 作品作者：马彦哲

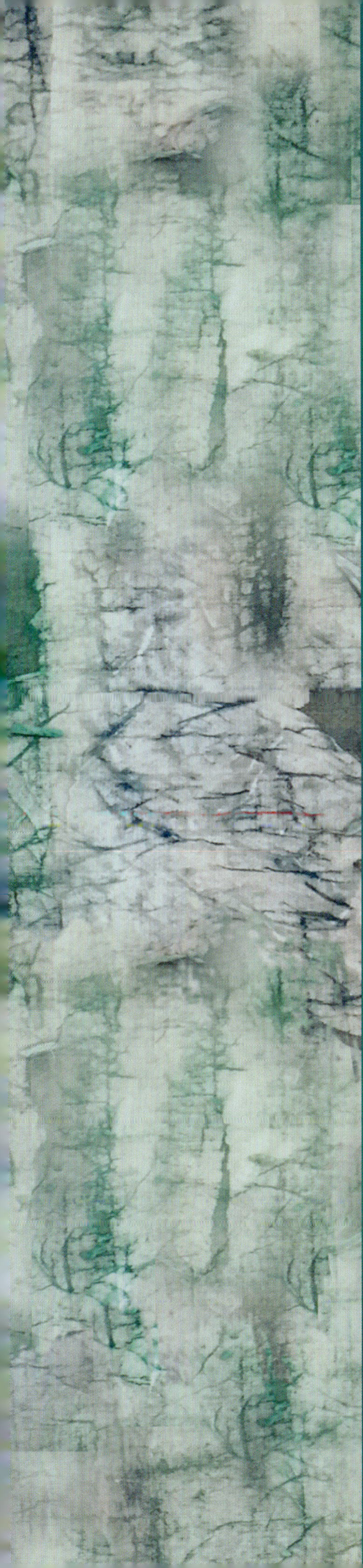

第五章

手工印染方法服装面料图案设计

手工印染是每个纺织服装设计高校均会开设的实践性课程。通常手工印染课程中会就面料手绘、扎染、蜡染等手工印染技法进行教授。部分高校还会就现代创意手工印染方法进行引导和教授。手工印染手法制作的纹样肌理有不同于其他方法制作面料纹样的特点。

第一节 扎染方法服装面料图案设计

传统扎染手法，可以制作出变化丰富的晕染肌理效果。这类效果既可以是有规律的组织纹理，也可以是不规则的大理石似的图案。这类图案可以运用到服装面料图案设计中。本章节就此类方法进行介绍。

案例 5.1.1 扎染方法服装面料图案设计

（作品作者：殳彬钰）

第一步：扎染，如图 5-1-1（a），得到初始扎染肌理效果，如图 5-1-1（b）。

第二步：扫描扎染图案导入电脑，利用 Photoshop 软件重新拼接、整理图案，得到如图 5-1-1（c）。

第三步：利用 Photoshop 软件进行色调调整及肌理重组。使整个图案更具整体性和时尚感，完成服装面料图案设计及应用，如图 5-1-1（d）。

案例 5.1.2 扎染方法服装面料图案设计

手工印染的特征之一是其效果的偶然性，这一特点为我们带来了诸多意想不到的效果，令人欣喜。但也正是因为其不可控性，往往一个画面中，会有不令人满意的部分。想要规避这个问题，可以将扎染完成的面料中我们认为理想的部分裁剪下来，最终由多个扎染碎片组合完成服装面料图案。具体步骤如下：

第一步：确定色调后，以同一组色调染料反复扎染多块面料，将满意的部分裁剪后再拼接，如图 5-1-2（a）。

第二步：拼接完成后的面料扫描输入电脑，利用软件调整色彩，完成服装面料图案设计，如图 5-1-2（b）。

图 5-1-1（a）

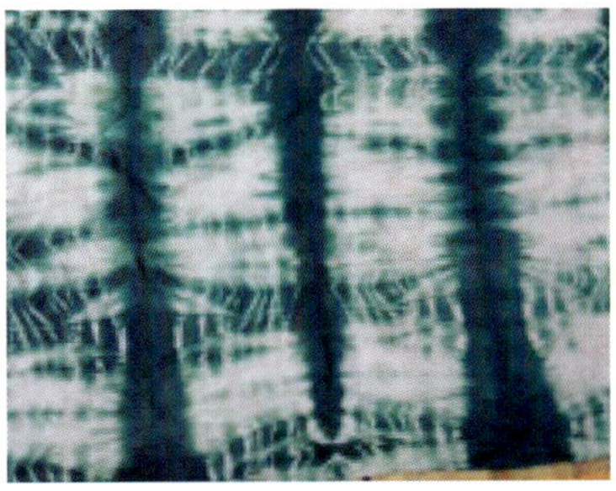

图 5-1-1（b）

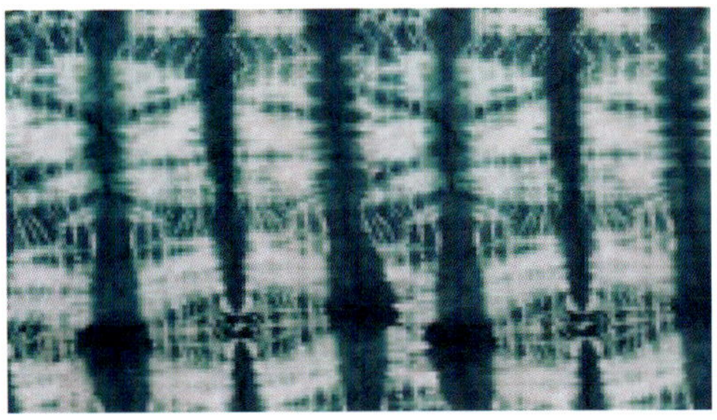

图 5-1-1（c）

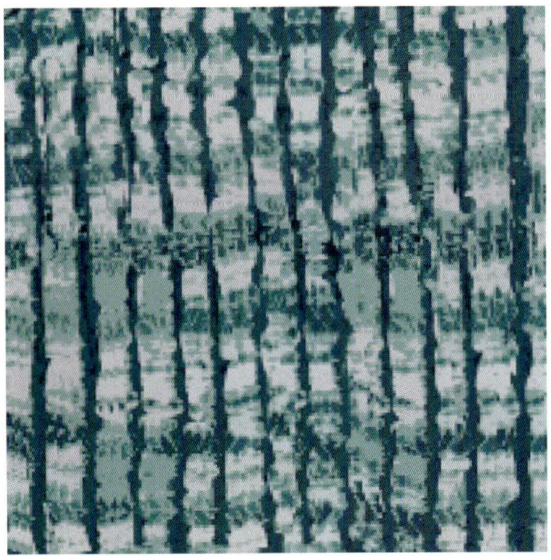

图 5-1-1（d）

图 5-1-2（a）

图 5-1-2（b）

案例 5.1.3 扎染与缝绣方法结合服装面料图案设计

（作品作者：何思施）

第一步：以传统的捆绑扎染法，制作扎染基本面料图案。

第二步：选取扎染后面料中理想的部分裁切成条状，准备拼接，如图 5-1-3（a）。

第三步：用车缝、手缝的办法，将扎染后的面料连接起来，如图 5-1-3（b）。

第四步：用较粗的线在面料表面缝绣圆形装饰点，增加点与线的对比关系，再在缝绣装饰的外围以米珠装饰，增加层次感。

第五步：整体调整画面，完成服装面料图案设计，如图 5-1-3（c）。

组图 5-1-3（a）

图 5-1-3（b）

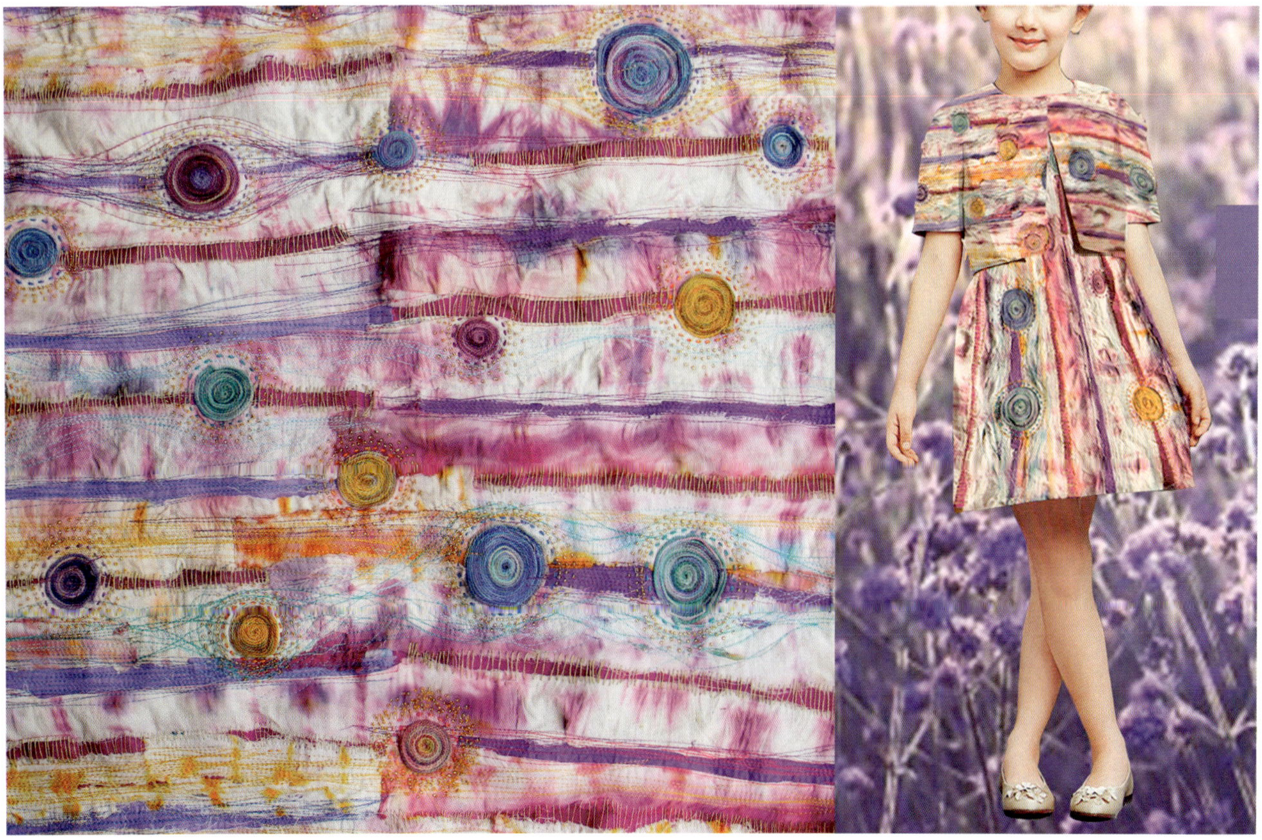

图 5-1-3（c）

案例 5.1.4 宣纸扎染服装面料图案设计

生宣纸柔软、有韧性且吸水性强，将扎染手法用生宣纸来呈现，可以表现出独特的肌理效果。本案例中服装面料图案设计即采取这种方法。后期将基础图案扫描至电脑，用软件做必要调整完成图案设计，如图 5-1-4。

案例 5.1.5 宣纸扎染服装面料图案设计

（作品作者：颜晓婷）

本案例中，图案设计的基础元素仍是由宣纸染色完成。后期，设计者将染色后的宣纸裁切，利用 Photoshop 软件对图案的底纹、色调等分别进行调整，最终完成图案设计，如图 5-1-5。

图 5-1-4

图 5-1-5

第二节 手绘面料方法服装面料图案设计

在进行服装面料图案设计的过程中，有时会采用直接手绘于面料表面的方法来制作服装面料图案。手绘面料完成服装面料图案设计的方法，有两个重要特点：第一，利用面料本身具有的表面肌理特征；第二，利用面料本身的图案特征。

案例 5.2.1 手绘桃皮绒面料服装面料图案设计

（作品作者：郑晓玉）

本案例中，设计者在桃皮绒面料的表面用颜料手绘图案。面料本身的肌理特征，使绘制完成的图案色块变化丰富。同时，面料吸水的特性区别于纸，颜料容易渗透，晕染效果特别。最终完成的服装面料图案设计作品大胆、轻松，且变化丰富，如图 5-2-1。

案例 5.2.2 手绘绒布面料服装面料图案设计

（作品作者：杜怡颖）

本案例中，设计者在人造绒布面料上手绘图案，完成服装图案设计。人造绒布的特点一是肌理粗糙，二是车缝后容易形成绗缝痕迹。设计者利用这些特点，完成了服装面料图案中点与线的元素设计，如图 5-2-2。

图 5-2-1

图 5-2-2

案例 5.2.3 手绘棉质面料服装面料图案设计

（作品作者：何嘉仪）

本案例中，在白色棉质面料上，用笔刷蘸染料刷或甩出痕迹。画面所采用的元素在形式上注重点、线、面规律，色彩上重视冷暖及色彩纯度的对比，并结合流行趋势对色彩的要求完成服装面料图案设计。之后，借助电脑软件，对画进一步修饰，例如使画面更干净，或进行元素排列、色彩的调整等，如图 5-2-3。

案例 5.2.4 综合染绘手法服装面料图案设计

第一步：以扎染的办法，用红黄相间的色彩，完成基础底布。

第二步：用网格布沾染颜料后印制于面料表面，形成虚实不同的格状痕迹。依照此类方法，我们在进行服装面料图案设计的过程中，可以选择有痕迹的材料印制于面料表面或画纸表面，形成图案肌理。

第三步：将制作完成后的面料扫描至电脑，利用软件，裁切其中的有效部分，再扩展填充整个画面。

第四步：调整画面布局、节奏感，最终完成服装面料图案设计，如图 5-2-4。

图 5-2-3

图 5-2-4

第三节　服装面料图案设计作品欣赏

图 5-3-1　作品作者：赵艳群

图 5-3-2　作品作者：顾洁玲

图 5-3-3　作品作者：曾艳玲

图 5-3-4　作品作者：颜晓婷

第六章

其他方法服装面料图案设计

服装面料图案设计是一项非常有趣的工作，设计师对于材料表面的各类效果不断探索，生成各种意想不到的效果。这些效果借助现代电脑辅助设计手段，稍加处理应用在服装面料图案设计中，往往有趣新奇。本章搜集各类特殊方法生成的材料表面效果，并展示其应用于服装面料图案设计的效果，希望起到抛砖引玉的作用。

第一节　丝网印刷辅助服装面料图案设计

下面介绍的案例融合了丝网印刷、喷漆等多种手法，产生不同风格的肌理效果。

案例 6.1.1　丝网印刷、喷漆等方法服装面料图案设计

第一步：准备基础工具，包括作为基础的白坯布、喷漆及丝网印刷工具。喷漆可选择灌装类型，丝网印刷工具根据实际条件可选择实验室类型及家用类型，如图 6-1-1（a）。

第二步：在白坯布上覆盖镂空纸，以喷漆喷绘，可形成点状效果，所形成肌理形式与镂空纸的镂空形状有关。本案例中用了蓝色、灰色两种喷漆，如图 6-1-1（b）、图 6-1-1（c）。

第三步：以丝网印刷工具印制文字图案，附着于喷漆图案上，如图 6-1-1（d）。

第四步：将第三步完成效果扫描后输入电脑，利用 Photoshop 软件裁切掉不需要的部分。用软件中的色调调整工具，调整色彩对比度及饱和度。利用图章、橡皮等工具修饰生硬的边缘。

第五步：检查图案整体效果，完成图案设计，如图 6-1-1（e）。

图 6-1-1（a）

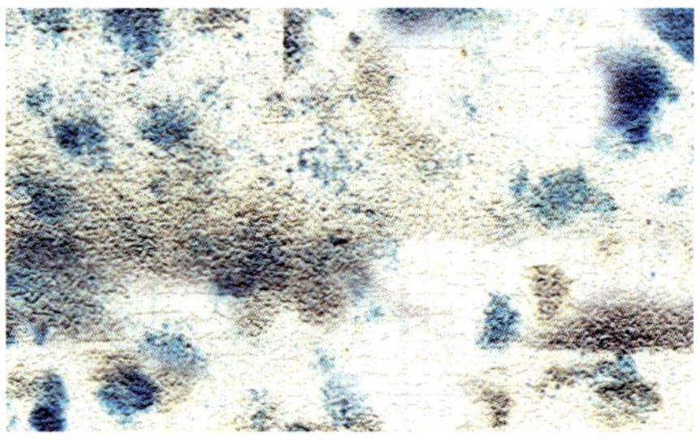

图 6-1-1（b）

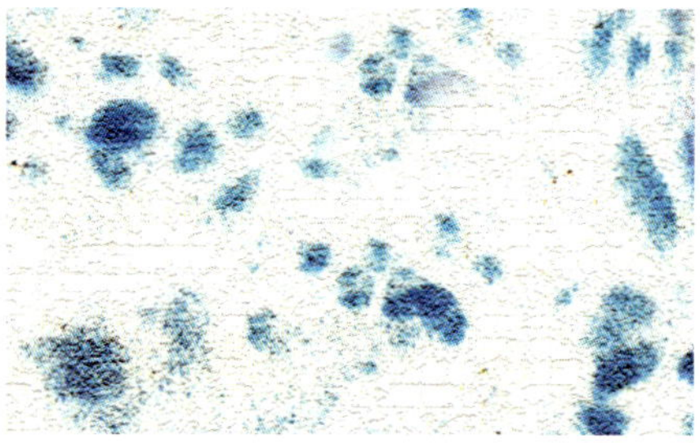

图 6-1-1（c）

图 6-1-1（d）

图 6-1-1（e）

第二节 利用生宣纸特性进行服装面料图案设计

生宣纸吸水性强，容易产生不同色彩晕染浸透的效果。利用这种特性可以制作出多种肌理效果应用于服装面料图案设计。

案例 6.2.1 利用生宣纸特性进行服装面料图案设计

第一步：准备生宣纸、颜料、喷壶等工具，如图 6-2-1（a）。

第二步：参考色彩流行趋势，确定色调后，将所需色彩加水调至适当浓度，分装至喷壶。

第三步：用喷壶将颜色喷洒至宣纸表面。注意色彩分布均匀，布满画面，得到如图 6-2-1（b）效果。

第四步：将第三步取得的图片扫描后导入电脑。利用 Photoshop 软件，剪切出理想的部分，并调整色调的对比度、饱和度。

第五步：利用 Photoshop 中的“仿制图章”工具，可以调整画面中的空白区域，并使肌理在画面中的分布更加均匀。

第六步：用“涂抹”和“模糊”工具修饰过渡不自然的边缘。

第七步：检查调整后的最终效果，完成服装面料图案设计，如图6-2-1(c)。

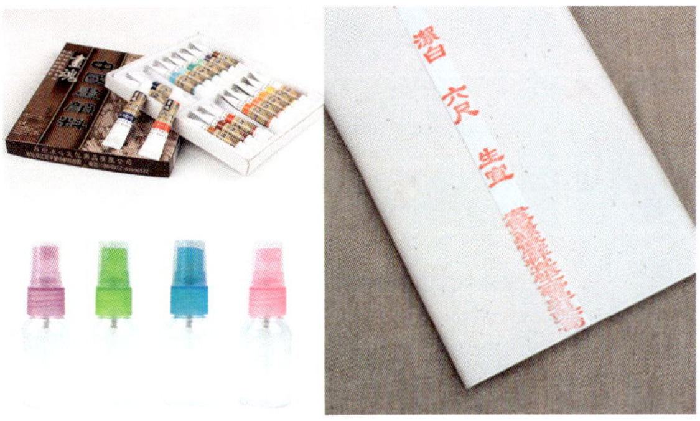

图 6-2-1（a）

图 6-2-1（b）

图6-2-1(c)

第三节 利用湿透的宣纸进行服装面料图案设计

宣纸是一种独特的纸产品，其吸水性很强，且具韧性，即使湿透，也可以保持完整不破，利用这种特点，可以创造出多种效果。

案例 6.3.1 用湿透的宣纸制作表面效果

第一步：准备材料，包括宣纸、颜料、水、笔刷，如图 6-3-1（a）。

第二步：从水中拎出湿透的宣纸，置于平整的桌面，如图 6-3-1（b）。

第三步：用笔刷在宣纸表面刷上颜色，如图 6-3-1（c）。

第四步：将效果拍照，图像输入电脑后，用电脑软件调整、处理，完成服装面料图案设计，如图 6-3-1（d）。

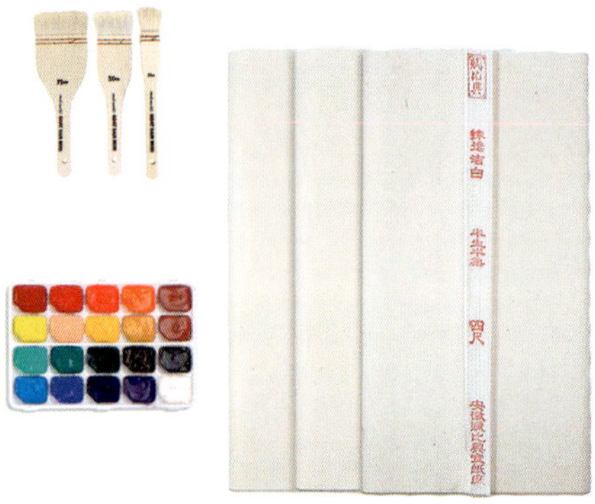

图 6-3-1（a）

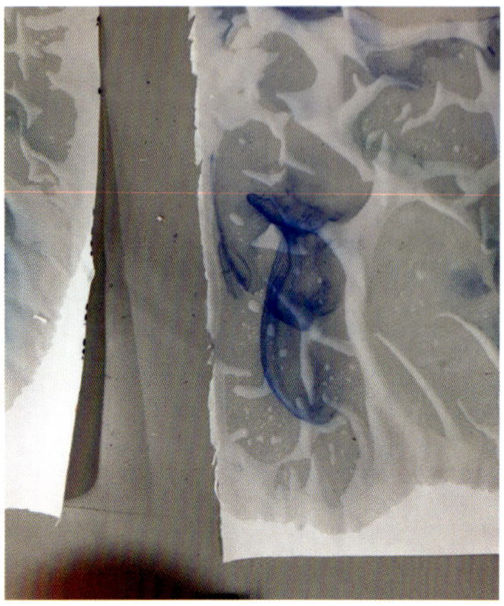

图 6-3-1（b）

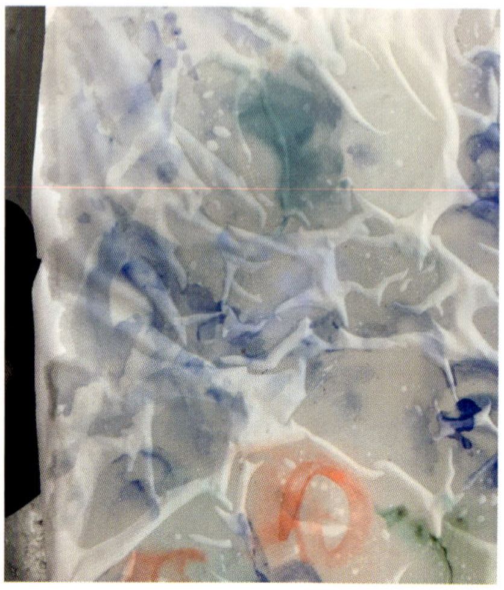

图 6-3-1（c）

图 6-3-1（d）

第四节　借鉴经典艺术作品的色彩表现进行服装面料图案设计

世界经典艺术作品，特别是各类美术作品，是我们设计服装面料图案时汲取灵感的重要宝库。学会从经典艺术作品中挖掘设计素材及设计方法，对设计服装面料图案会有重要的帮助。汲取灵感的方法和角度各有不同，我们既可以从形式上学习经典艺术作品的色彩、构成、节奏感等，又可以学习经典艺术作品的表现方法、制作手段。更深层次的，我们对经典艺术作品表现内涵的了解可以帮助我们思考服装面料图案设计与文化精神内容的关系。

案例 6.4.1　学习经典艺术作品的色彩表现

（作品作者：游砚）

第一步：选择一幅经典艺术作品，观察分析其色彩特点。本案例参考学习俄罗斯普希金艺术博物馆藏品《抚琴的女子》的色彩组合方法，如图 6-4-1（a）。观察发现，作品中色彩冷暖有别、倾向不同的各类红色的应用是这件作品的一个重要特点。作品主人公的衣裙以偏黄的暖红色调为主，而背景中的沙发、地毯则是偏蓝、偏紫的冷红色，除此之外，还有部分中性的红棕色。这样的色彩组合首先强调了画面的红色调，而冷暖倾向不同的红色，使画面色彩在统一色调下产生对比效果，同时，帮助画面制造出空间感。

第二步：根据对色彩的分析结果，完成图案设计基本元素绘制的准备。几何图案是最容易单纯表现色彩的一种方式。画面中，暖红色系与冷红色系同时存在。而几块灰绿、灰蓝色起到了很好的平衡、点缀作用，如图 6-4-1（b）。

第三步：手绘素材扫描后输入电脑，通过软件，对原有素材进行色彩调整、拼接处理，完成服装面料图案设计作品，如图 6-4-1（c）。

图 6-4-1（b）

图 6-4-1（a）

图 6-4-1（c）

第七章

服装面料图案设计方法的综合应用

各类服装面料图案设计方法都会用到不同题材，如动植物、几何、人物等，也会因不同的应用场合对图案设计有不同要求。本章根据服装面料图案设计所应用的题材元素不同、应用场合不同，进行分类介绍。

第一节 动植物服装面料图案设计方法及案例

植物元素、动物元素是服装面料图案设计中的永恒主题。特别是其中的花卉元素在服装面料图案设计方面，有其他元素不可比拟的优势。例如，花卉元素的花与叶可以根据装饰效果的需要，重新组合，而不必考虑客观存在；花卉元素在色彩变化与组合方面极度自由；花卉元素可大可小，不受限制；花卉元素美好的形象最适合表达人们愉悦的心情等。其他植物元素、动物元素，与花卉元素同属此类具象元素，在设计应用过程中也有共同特点。

案例 7.1.1 花卉素材服装面料图案设计

（作品作者：何嘉仪）

第一步：手绘原始花卉素材，如图 7-1-1（a）、图 7-1-1（b）。

第二步：原始素材扫描后导入电脑，在画面中调整大小、方向，排列于画面中，完成服装面料图案设计，如图 7-1-1（c）。

案例 7.1.2 花卉素材与条纹结合服装面料图案设计

（作品作者：陈珺）

第一步：手绘原始素材，如图 7-1-2（a）。

第二步：手绘素材整合、调色后重新排列于画面，如图 7-1-2（b）。

第三步：与条纹纹样结合，完成服装面料图案设计，如图 7-1-2（c）。

图 7-1-1（a）

图 7-1-1（b）

图 7-1-1（c）

图 7-1-2（a）

图 7-1-2（b）

图 7-1-2（c）

案例 7.1.3 花卉元素与抽象元素组合服装面料图案设计

（作品作者：王依土）

花卉元素作为具象元素，与各类抽象元素组合使用，往往能够取得和谐的稳定的效果。

第一步：手绘花卉元素，先绘制黑白线稿，如图 7-1-3（a）。依照既定色调，在花卉上施以灰黄色和淡紫色，如图 7-1-3（b）。

第二步：将多个抽象色块拼接、剪切，做出肌理效果，如图 7-1-3（c）。随后，将肌理效果去色，得到单色图案。

第三步：将去色后的肌理图案布满画面。

第四步：将手绘花卉图案扫描入电脑，以不同方向排列，布满画面，与底纹融合，完成服装面料图案设计，如图 7-1-3（d）。

图 7-1-3（a）

图 7-1-3（b）

图 7-1-3（c）

图 7-1-3（d）

花卉素材服装面料图案设计作品欣赏

图 7-1-4　作品作者：张小猜

图 7-1-5　作品作者：张雨曦

图 7-1-6　作品作者：刘宣麟

图 7-1-7　作品作者：张雨曦

图 7-1-8　　作品作者：靳博宣

图 7-1-9　　作品作者：靳博宣

图 7-1-10　　作品作者：刘宣麟

图 7-1-11　　作品作者：莫礼凤

图 7-1-12　作品作者：王辉娟

图 7-1-13　作品作者：曾艳玲

图 7-1-14　作品作者：吴双

图 7-1-15　作品作者：刘思彤

图 7-1-16　作品作者：彭珺旖

图 7-1-17　作品作者：张佳

图 7-1-18　作品作者：张佳

图 7-1-19　作品作者：吴娴

图 7-1-20　作品作者：陈琪

图 7-1-21　作品作者：刘宣麟

图 7-1-22　作品作者：于翔霖

动物元素服装面料图案设计作品欣赏

图 7-1-23　作品作者：王艺锦

图 7-1-24　作品作者：王艺锦

图 7-1-25　作品作者：陈琪

图 7-1-26　作品作者：沈珺妍

图 7-1-27　作品作者：刘宣麟

图 7-1-28　作品作者：刘宣麟

图 7-1-29　作品作者：顾旻杰

图 7-1-30　作品作者：黄俊杰

图 7-1-31 作品作者：陈琪

图 7-1-32 作品作者：陈琪

图 7-1-33 作品作者：孙梦婷

图 7-1-34 作品作者：张雨曦

植物元素服装面料图案设计作品欣赏

图 7-1-35　作品作者：杨翊

图 7-1-36　作品作者：张雨曦

图 7-1-37　作品作者：文肯

图 7-1-38　作品作者：刘宣麟

图 7-1-39　作品作者：莫礼凤

图 7-1-40　作品作者：王依土

图 7-1-41　作品作者：曾艳玲

图 7-1-42　作品作者：张雨曦

第二节 几何元素服装面料图案设计方法及案例

几何元素是面料纹样设计中与花卉纹样同样重要的元素题材。本节我们重点介绍几何元素服装面料图案的设计方法，且从点、线、面的角度，剖析几何元素在设计制作服装面料图案时所需关注的问题。点、线、面是平面构成的最基本元素，任何形式的元素均归纳为点、线、面的范畴。当一个画面中点、线、面同时存在时，观者会有视觉上的满足感，而以几何形表达点、线、面是最为便捷的。

案例 7.2.1 点与线组合的服装面料图案设计

（作品作者：何丝施、郭一泽）

点与线是平面构成领域中最基本的元素。从服装面料图案设计的角度看，点与线可以是我们几何概念中的点与线，也可以认为是某个图形概括而成的概念。首先，作为形式感的基本元素，点与线本身就具备很好的形式美感特征。以下案例作出介绍。案例 7.2.1（a）~ 图 7.2.1（d）中的四件服装面料图案设计均由几何概念上的点与线组成。图 7-2-1（c）与图 7-2-1（d）服装面料图案中的小三角形及方形，我们也将其归为点的范畴。

图 7-2-1（a）

图 7-2-1（b）

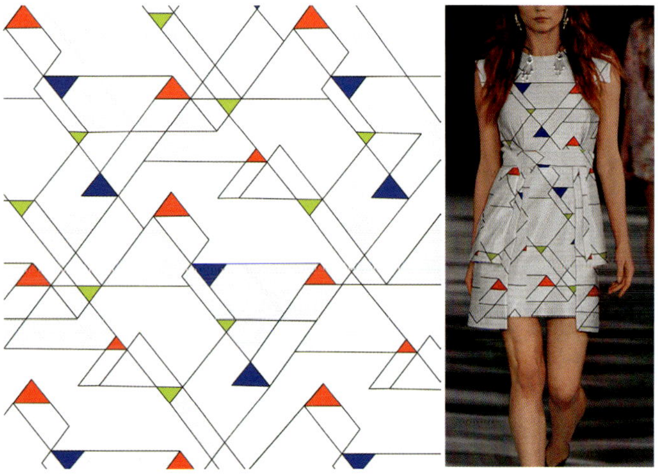

图 7-2-1（c）

图 7-2-1（d）

案例 7.2.2 线与线组合的服装面料图案设计

（作品作者：劳嘉麟）

线条的秩序感、韵律感独具美感，是面料设计的常见元素。在服装、室内装饰的面料中常见以线条元素组成面料图案的表达方式。单纯的线条排列本身具有强烈的秩序感，以一定规律排列，实现整齐划一的美感。

第一步：三组粗细不同的线条重合，并置于黑色底上，形成有节奏感、疏密不同的线条组织，如图 7-2-2（a）。

第二步：重合后的图案改变色彩，调整线条组织的布局，并将个别线条错位，形成断线节点，以增加变化，如图 7-2-2（b）。

第三步：绘制绿色，呈 45° 角斜线，如图 7-2-2（c）。色彩与线条组织上与之前所绘线条有区别，以便在最终完成的图案中形成对比。

第四步：将第二步与第三步所得结果重叠，完成最终服装面料图案设计，如图 7-2-2（d）。

图 7-2-2（a）

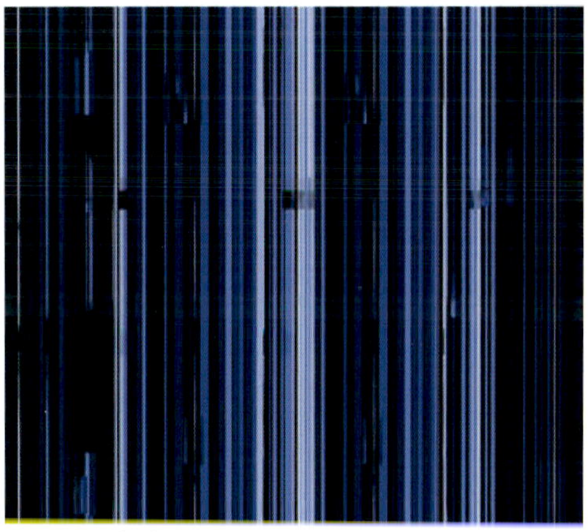

图 7-2-2（b）

图 7-2-2（c）

图 7-2-2（d）

案例 7.2.3 线与面组合的服装面料图案设计

（作品作者：王玥）

线与面作为平面构成的基本元素，同样具备形式美感特征。使用这类元素的优势在于简单的排列，即可呈现比较安全、完整的服装面料图案。但难点在于，这类图案容易流于平淡，缺少特色。因此需要在其他图案的组成因素方面花较多的精力，例如色彩、层次感等。

第一步：绘制线条元素，如图 7-2-3（a）。

第二步：复制第一步中的元素，重叠后，将其中一层微移、换色，形成阴影的效果，制造出层次感，如图 7-2-3（b）。

第三步：绘制面的元素，如图 7-2-3（c）。

第四步：以与第二步同样的方法，制造出阴影效果，阴影效果制造出层次感，同时，此处色彩选择与第二步互补的色彩，增强对比效果，如图 7-2-3（d）。

第五步：同前一步方法，再做一层阴影，但是用不同颜色，如图 7-2-3（e）。

第六步：合并所有图层，完成服装面料图案设计，如图 7-2-3（f）。

此案例中，虽然基本元素是非常简单的线与面，但通过制造阴影的办法增加层次，通过使用互补的红色与绿色来加强对比。为考虑和谐，适当降低了互补色的纯度。最终完成的作品实用度非常高。

图 7-2-3（a）

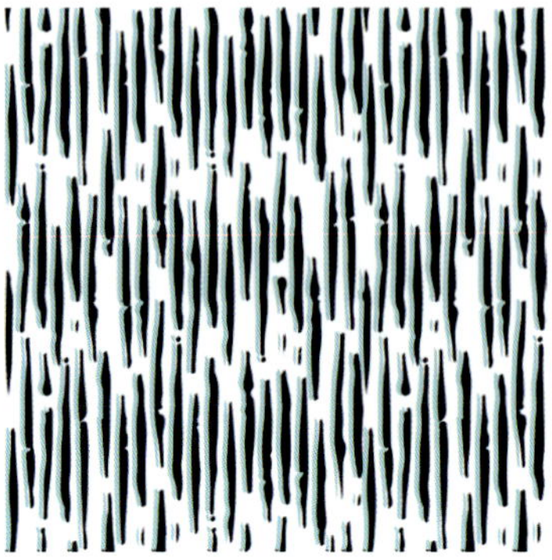

图 7-2-3（b）

图 7-2-3（c）

图 7-2-3（d）

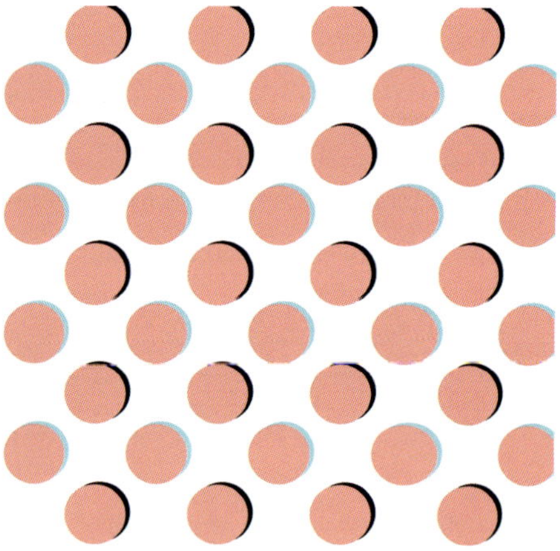

图 7-2-3（e）

图 7-2-3（f）

案例 7.2.4　点、线、面组合的服装面料图案设计

（作品作者：黄紫微）

本案例介绍以单纯的几何形的点、线、面完成服装面料图案设计的方法。此类图案由于形式简单，因此色彩选择是否恰当是设计成功与否的关键。

第一步：利用 Photoshop 软件，绘制出几何形的单元形，将单元形定义为图案后，填充布满整个画面，如图 7-2-4（a）。以画面中的方形为例：首先绘制如图所示单元图案，然后将单元图案填充整个画面，得到如图 7-2-4（b)。

第二步：依照第一步中所述办法，依次绘制出条纹、小方点等形状，并布满画面，层层叠加。

第三步：依照色彩参考资料，如图 7-2-4（c），选择恰当的色彩填充图案，完成服装面料图案的设计。本案例中，基础形较为简单，选择丰富的色彩增加画面活跃的气氛，因此选择多个色相。为了使画面和谐，选择提高色彩明度、降低纯度的办法降低对比度，最终完成服装面料图案设计，如图 7-2-4（d）。

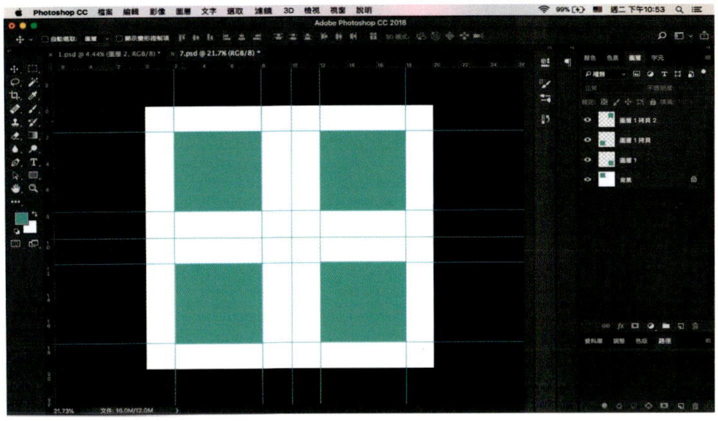

图 7-2-4（a）

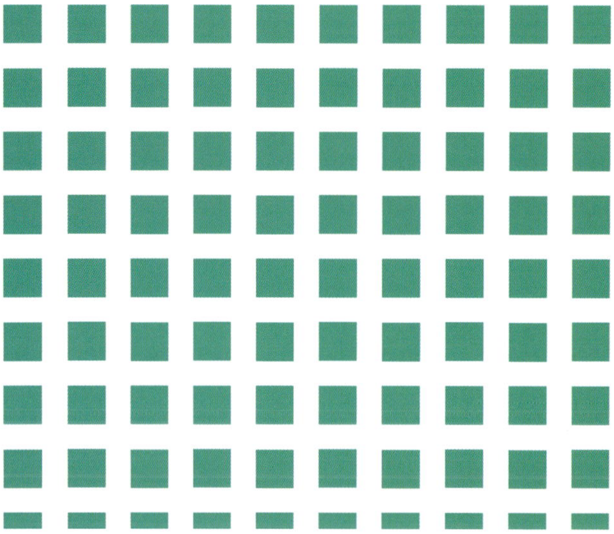

图 7-2-4（b）

图 7-2-4（c）

图 7-2-4（d）

案例 7.2.5 点、线、面组合的服装面料图案设计

（作品作者：王玥）

第一步：绘制基本元素，体现点与面的组合，如图 7-2-5（a）。

第二步：将基本元素复制后，调整大小，根据色调增加色彩，如图 7-2-5（b）。

第三步：多次重复第一步动作，直至填满画面，完成底纹，如图 7-2-5（c）。

第四步：点状元素过于密集，有点视觉疲劳，加入长方形元素，寻找变化，打破固有格局，如图 7-2-5（d）。

第五步：在原有基础上加入螺旋线。线的元素与原有的点与面形成对比，螺旋的曲线则与之前的矩形直线形成对比，最终完成层次丰富的服装面料图案设计作品，如图 7-2-5（e）。

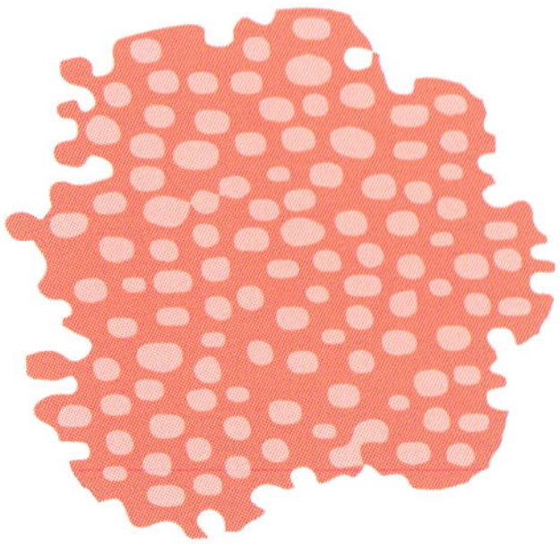

图 7-2-5（a）

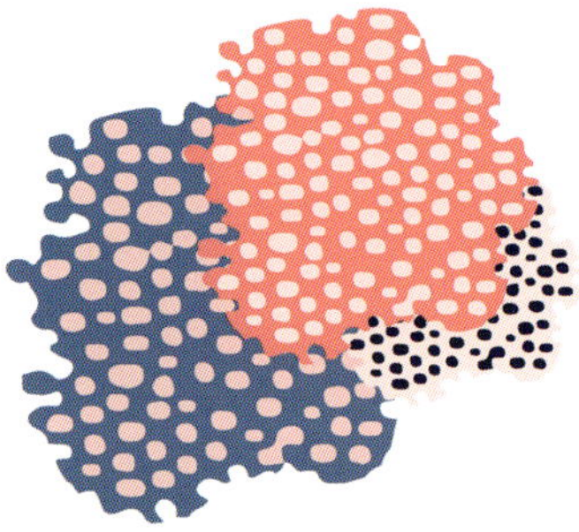

图 7-2-5（b）

图 7-2-5（c）

图 7-2-5（d）

图 7-2-5（e）

案例 7.2.6 几何元素与水墨元素组合的服装面料图案设计

（作品作者：尤韵迪）

几何元素有诸多设计使用上的优势，例如规整、严谨的形式语言就是其特色之一。当我们利用这种效果与松散、柔软的元素组合时，即可达到冲突的美感。水墨流动变化的姿态，以及晕染、浸透的微妙肌理与几何元素的干净、利落形成很好的对比。因此，当几何元素与水墨元素碰撞时，可形成冲突，实现美感。

第一步：手绘水墨元素。在宣纸上，用毛笔、墨绘制基本元素，充分展示水墨变幻、晕染的特色，如图 7-2-6（a）。

第二步：绘制多个浓淡不同的水墨元素后，在 Photoshop 软件中复制、调整透明度，调整位置，最终完成图 7-2-6（b）作为底纹。

第三步：将第二步所得图形多次复制布满画面，完成全部底纹制作。

第四步：利用软件绘制几何形素材，大小变化，虚实不同的几何形制造层次感和变化效果。几何形色彩选择结合流行趋势的要求。

第五步：将几何形置于底纹表面，手绘线条，丰富元素的形式。线与面形成对比效果，完成服装面料图案设计，如图 7-2-6（c）。

图 7-2-6（a）

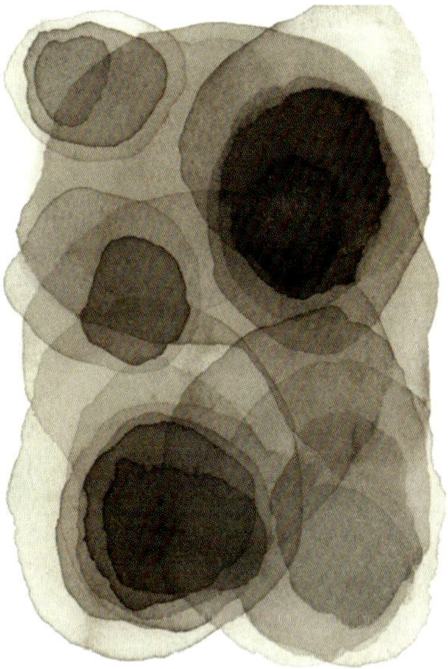

图 7-2-6（b）

图 7-2-6（c）

几何素材服装面料图案设计作品欣赏

图 7-2-7　作品作者：王辉娟

图 7-2-8　作品作者：劳嘉麟

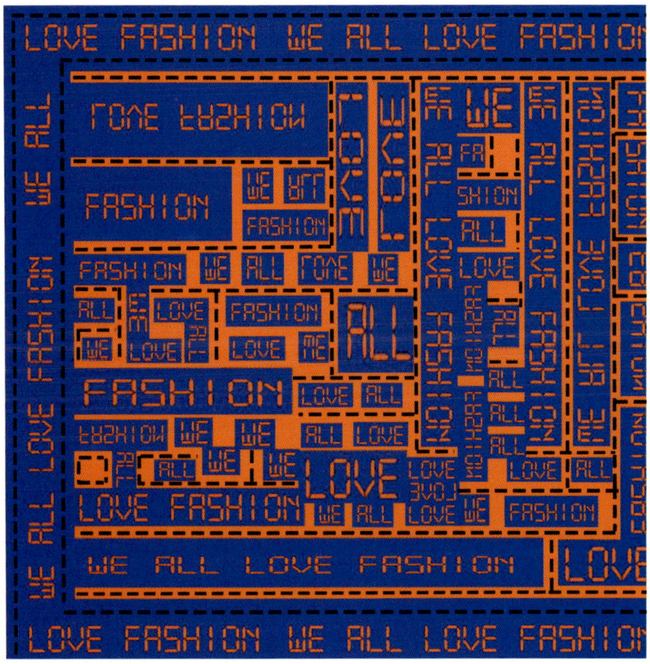

图 7-2-9　作品作者：陶心卉

图 7-2-10　作品作者：吴双

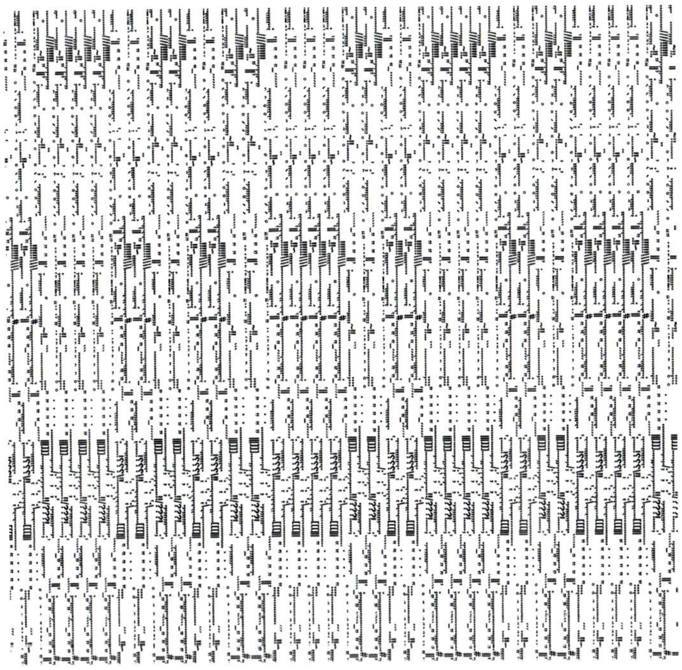

图 7-2-11　作品作者：郑童

图 7-2-12　作品作者：郑童

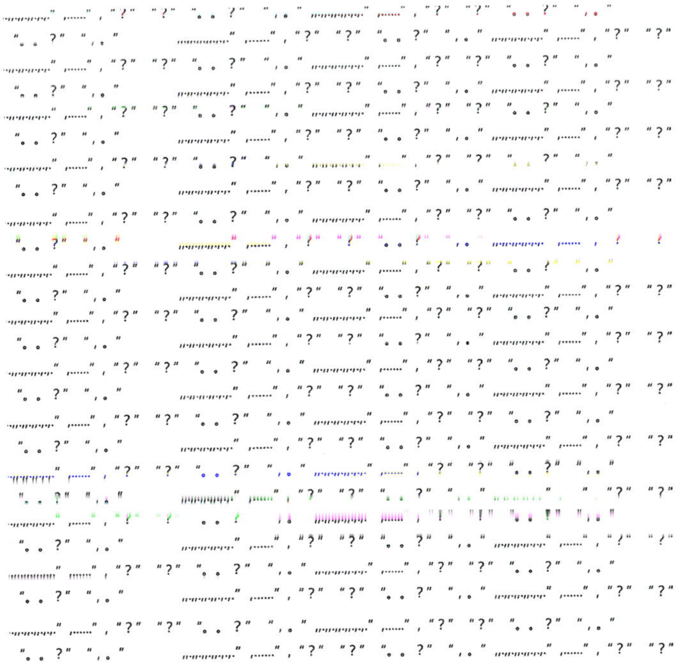

图 7-2-13　作品作者：郑童

图 7-2-14　作品作者：郑童

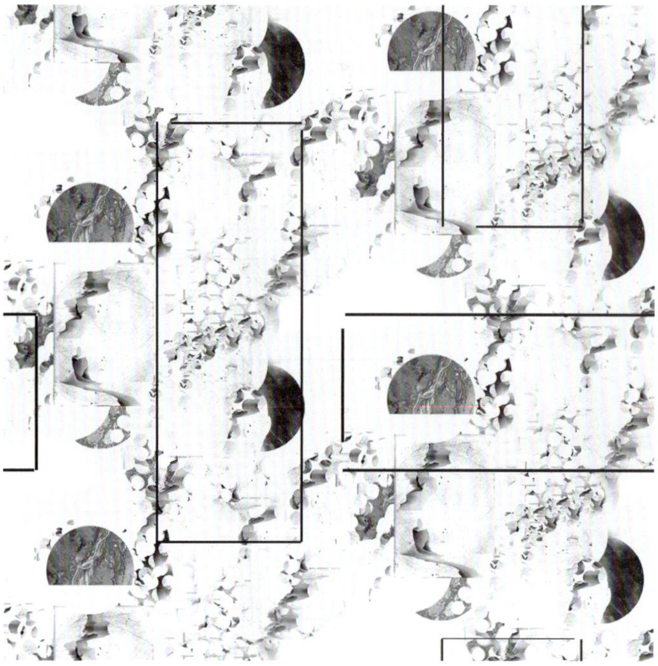

图 7-2-15　作品作者：郑童

图 7-2-16　作品作者：孙梦婷

图 7-2-17 作品作者：张琳怡

图 7-2-18　作品作者：张雨曦

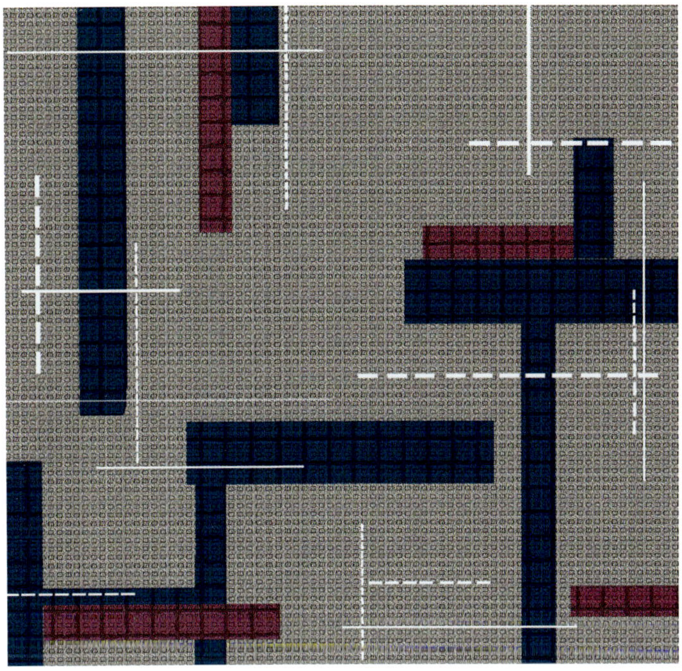

图 7-2-19　作品作者：冯梦帅

图 7-2-20　作品作者：王辉娟

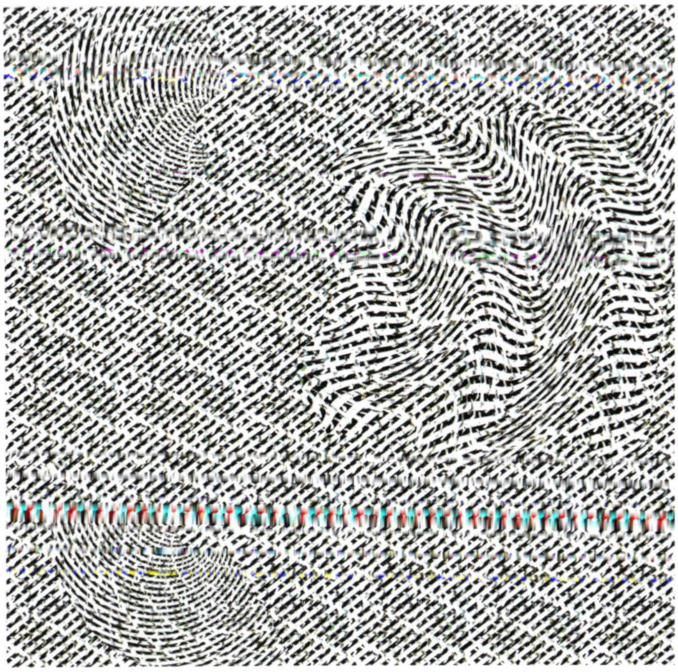

图 7-2-21　作品作者：王辉娟

图 7-2-22　作品作者：余秀

图 7-2-23　作品作者：张雨曦

图 7-2-24　作品作者：张雨曦

图 7-2-25　作品作者：顾思成

图 7-2-26　作品作者：张佳

图 7-2-27　作品作者：王辉娟

图 7-2-28　作品作者：诸圣洁

图 7-2-29　作品作者：刘宣麟

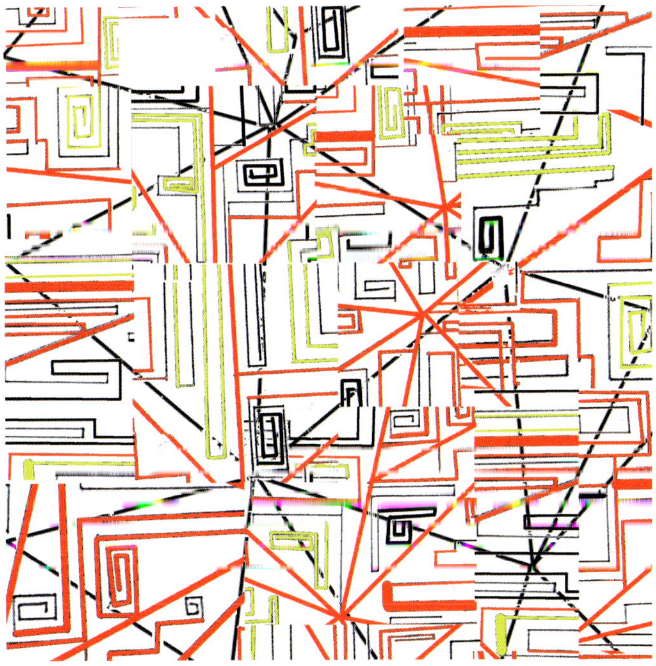

图 7-2-30　作品作者：顾思成

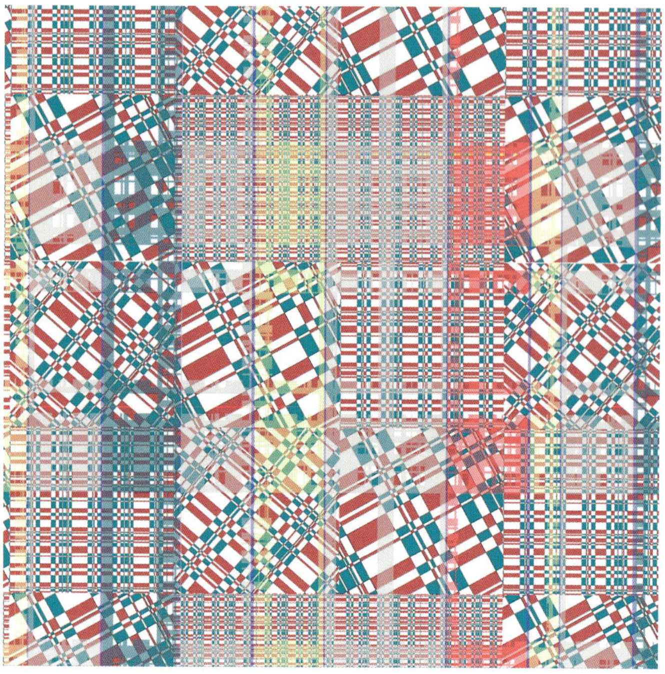

图 7-2-31　作品作者：谷明

图 7-2-32　作品作者：谷明

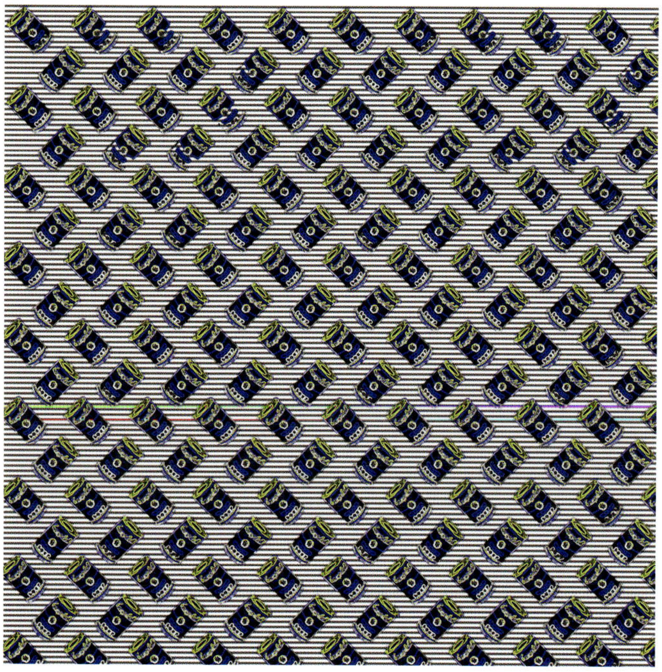

图 7-2-33　作品作者：王羿然

图 7-2-34　作品作者：周韵琪

第三节 人物元素服装面料图案设计方法及案例

传统服装面料图案设计并没有把人物元素列为常规元素，因为人物元素用于服装面料图案设计时，会有诸多弊端。例如，服装面料不可避免地要裁剪，如果完整的人物形象因为裁剪需要被破坏，则会让观者有不舒服的感觉。再例如，人物形象鲜明、突出，用于服饰面料时，往往过于醒目，除非特殊需要，否则会破坏服装款式的整体感 。基于这样种种限制，传统设计服装图案时，往往规避人物元素。但是，随着时尚行业的飞速发展，人们的接受范围越来越宽，很多以往不被习惯用于服装面料图案设计的元素，也渐渐进入设计师视野，如果处理得当，有时会有意想不到的效果。

人物元素除丰富的表情有助于表达设计主旨之外，其有趣的动作、体态、着装，均可成为帮助服装面料图案传递设计内涵的工具。在服装面料图案设计作品中，如果能对此类特征运用得当，则可取得理想效果。

案例 7.3.1 抽象、简化绘制情绪丰富的人物形象服装面料图案设计

（作品作者：何嘉仪）

第一步：绘制人物元素，虽然人物表情丰富 ，但简约的绘制手法，平衡了人物元素的冲击力，如图 7-3-1（a）。人物形象的优势是表情丰富。观者可以借助细腻有趣的表情对画面所要表达的内涵产生联想。如果采取抽象简约的线条绘制表情丰富的人物形象，则可表现人物丰富情绪的同时，增强人物形象的装饰感，方便融入服装图案的整体画面 。

第二步：将人物元素排列于画面，完成设计，注意排列的疏密感和节奏感，人物元素不能填满整个画面，要有聚有散，如图 7-3-1（b）。

图 7-3-1（a）

图 7-3-1（b）

案例 7.3.2 人物元素服装面料图案设计
（作者：郭一泽）

第一步：缩小人物在画面中所占面积，特别是正面，表情鲜明的人物形象更应以较小面积出现。另外，以黑白灰关系来处理人物头像，也是降低表情冲击力的常见的办法。如图7-3-2（a）、图7-3-2（b）。

第二步：背影、侧面人物形象可以相对稍大，为画面创造更多层次的同时，不至于影响画面和谐感，如图7-3-2(c)、图7-3-2（d）。

第三步：背景色与人物形象色彩对比强烈，则可削弱观者对人物形象本身的关注度，也是合理应用人物形象的一种方法。作品中艳红色调的底色远远强烈于人物形象的黑白色。而底色中加入绿色，形成强烈的红绿对比，使底色及底纹更加引人关注。完成服装面料图案设计作品，如图7-3-2（e）。

图7-3-2（c）

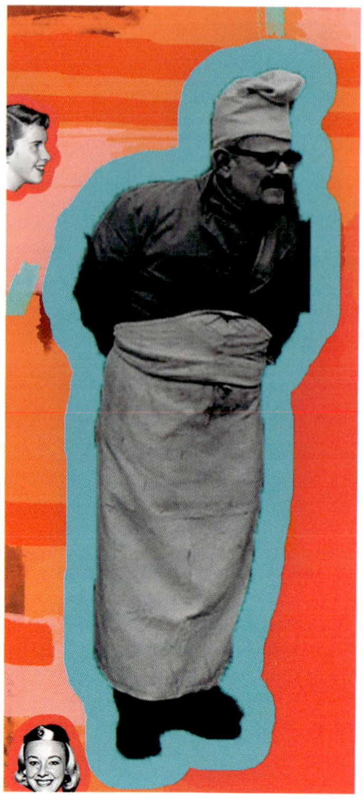

图7-3-2（d）

图7-3-2（a）

图7-3-2（b）

图7-3-2（e）

案例 7.3.3 人物元素服装面料图案设计

（作者：王玥）

如前所述，人物头像元素的特点可以传达丰富的内涵。而人物元素在服装面料图案设计中最需要解决的问题是如何使其在服装面料图案中更和谐、更融入其中。

第一步：手绘人物元素和其他基本元素，如组图 7-3-3（a）。

第二步：为基本元素图加上阴影，方便最终画面出现层次感，如图7-3-3（b）。

第三步：绘制简单图形作为底纹元素，此处色彩的选择依然遵循了选择三原色，并降低其中一个色相纯度的办法，如图 7-3-3（c）。

第四步：基本元素铺满画面，并填充无彩色黑色，如图 7-3-3（d）。

第五步：将前期绘制的元素置于底纹上，并将手绘人物素材的色彩更换为与整体色调相关的色彩，如图 7-3-3（e）。

第六步：画面中加入抽象线条元素，减弱人物元素与几何底纹的对比，增加画面层次感，完成服装面料图案设计，如图 7-3-3（f）。

图 7-3-3（a）

图 7-3-3（b）

图 7-3-3（c）

图 7-3-3（d）

图 7-3-3（e）

图 7-3-3（f）

案例 7.3.4 人物元素服装面料图案设计

（作品作者：姚亦吟）

本案例同样是从日常手绘的卡通人物元素出发，获得了好的设计效果。

第一步：手绘丰富的人物元素。手绘人物头像元素，如图 7-3-4（a），手绘人物全身像元素，如图 7-3-4（b），还可以绘制一些与主题相关的环境元素，以方便丰富画面，如图 7-3-4（c）。

图 7-3-4（a）

图 7-3-4（b）

图 7-3-4（c）

第二步：将人物元素与几何元素组合完成服装面料图案设计，如图 7-3-4（d）、图 7-3-4（e）。人物元素也可以与手绘的块面元素组合完成

图 7-3-4（d）

图 7-3-4（e）

服装面料图案设计，如图 7-3-4（f）、图 7-3-4（g）。如果单个人物元素已经非常具有表现力，也可以采取单独纹样排版的方法，如图 7-3-4（h）、图 7-3-4（i）。将绘制的各类人物元素与环境元素、几何形元素组合，也可以得到更丰富、更有故事性的服装面料图案设计作品，如图 7-3-4（j）。

图 7-3-4（f）

图 7-3-4（g）

图 7-3-4（h）

图 7-3-4（i）

图 7-3-4（j）

人物元素服装面料图案设计作品欣赏

图 7-3-5　作品作者：刘宣麟

图7 3 6　作品作者：王依土

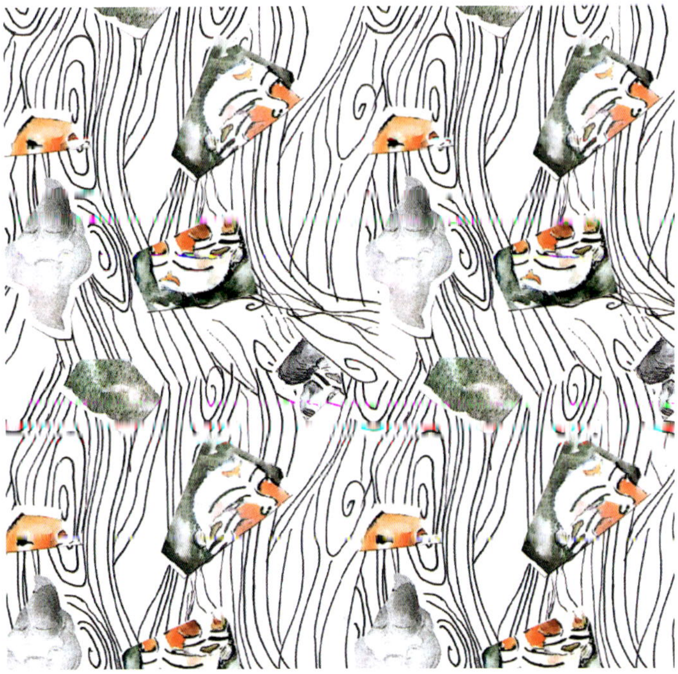

图 7-3-7　作品作者：杜曦

图 7-3-8　作品作者：杜曦

图 7-3-9　作品作者：章锦怡

图 7-3-10　作品作者：孙梦婷

图 7-3-11　作品作者：张佳

图 7-3-12　作品作者：张雨曦

图 7-3-13　作品作者：沈珺妍

图 7-3-14　作品作者：沈珺妍

图 7-3-15　作品作者：沈珺妍

图 7-3-16　作品作者：颜晓婷

图 7-3-17　作品作者：吴双

图 7-3-18　作品作者：陈好

图 7-3-19　作品作者：陈好

图 7-3-20　作品作者：陈立东

第八章

服装面料之材料设计

服装面料之材料设计从主题概念出发，通过元素的收集与设计运用，对现有材料进行裁剪或制作加工。运用串珠、亮片、羽毛、人造水晶等各种材料，通过纳褶、系扎、镶嵌、剪切、折叠、抽皱、镂空、抽穗、拼贴、抽纱、撕裂、卷曲等工艺手段，产生意想不到的艺术审美效果。

第一节　牛仔面料再造设计

牛仔面料是面料产品的重要门类。在面料材料设计中，通过对牛仔面料的材料再造设计，创造新的牛仔面料纹样，是常见的方法。本章通过案例介绍牛仔面料材料再造设计的方法。

案例 8.1.1　使用漂白液对牛仔面料进行再造设计

（作品作者：陈珺）

牛仔面料通常为深色染色面料，漂白液可以轻松地将牛仔面料上的颜色去除。在工业生产中，拔染印花工艺是将牛仔面料深色去除的办法。设计者可以尝试各类漂白液，例如常见的巴氏消毒液。使用漂白液的浓度不同、用法不同，则可以在牛仔面料表面产生不同的纹样。如图 8-1-1。

案例 8.1.2　多种面料拼贴完成牛仔面料再造设计

（作品作者：何丝施）

准备多种颜色、不同质地的牛仔面料。不同的牛仔面料色彩、质地上共性大于特性。因此我们需要再对已有面料进行处理，加大面料之间的区别，以达到拼接后的层次感。本案例采用部分面料以扎染手法捆绑后，用稀释后的巴氏消毒液浸泡，制作出类似扎染的肌理；部分面料结合缝绣的工艺；部分面料还增加金属辅料。通过这几种方法改变面料本身的色彩和质感，最终可以得到多种面料素材，将这些面料素材按照一定的节奏排列组合后，完成牛仔面料再造设计，如图 8-1-2。

图 8-1-1

图 8-1-2

案例 8.1.3 多种面料碎片与绗缝手法综合应用服装面料图案设计

（作品作者：殳彬钰）

牛仔面料与多种面料可形成默契组合，产生不同风格。例如，与皮料组合具有狂野感，与棉麻面料组合有乡村风格，与金属制品组合可传达出朋克气息等。以下案例介绍了牛仔面料与格子棉布组合生成服装面料图案的过程。

第一步：将纯色棉布、格纹棉布、牛仔布面料裁碎后，用手缝和车缝的方式重新组合起来。

第二步：在部分面料上挖出破洞，使多种面料形成的丰富层次得以呈现，面料被破坏后的毛边也起到丰富面料肌理的作用。

第三步：以玫红色线车缝于再造面料表面。玫红色与整体蓝色调形成对比，起到点缀、丰富的作用，最终完成服装面料图案设计，如图 8-1-3。

案例 8.1.4 牛仔面料与锡箔纸组合服装面料图案设计

牛仔面料的棉质特性与金属光泽材质组合后会在质感及视觉上产生对比冲突的美感。锡箔纸具备金属光泽，是一种非常容易取得且容易操作的材料。以下案例对此类方法进行介绍。

第一步：牛仔面料喷洒 84 消毒液去色，制造斑驳效果。

第二步：锡箔纸揉皱、撕碎，附着于牛仔面料表面，如图 8-1-4（a）。

第三步：表面以同色系线车缝，固定锡箔纸的同时，增加画面中线的元素。

第四步：增加铆钉、别针等其他金属配件。不同金属配件丰富画面质感。同时，铆钉等金属配件为画面增加点的元素。最终完成服装面料图案设计，如图 8-1-4（b）。

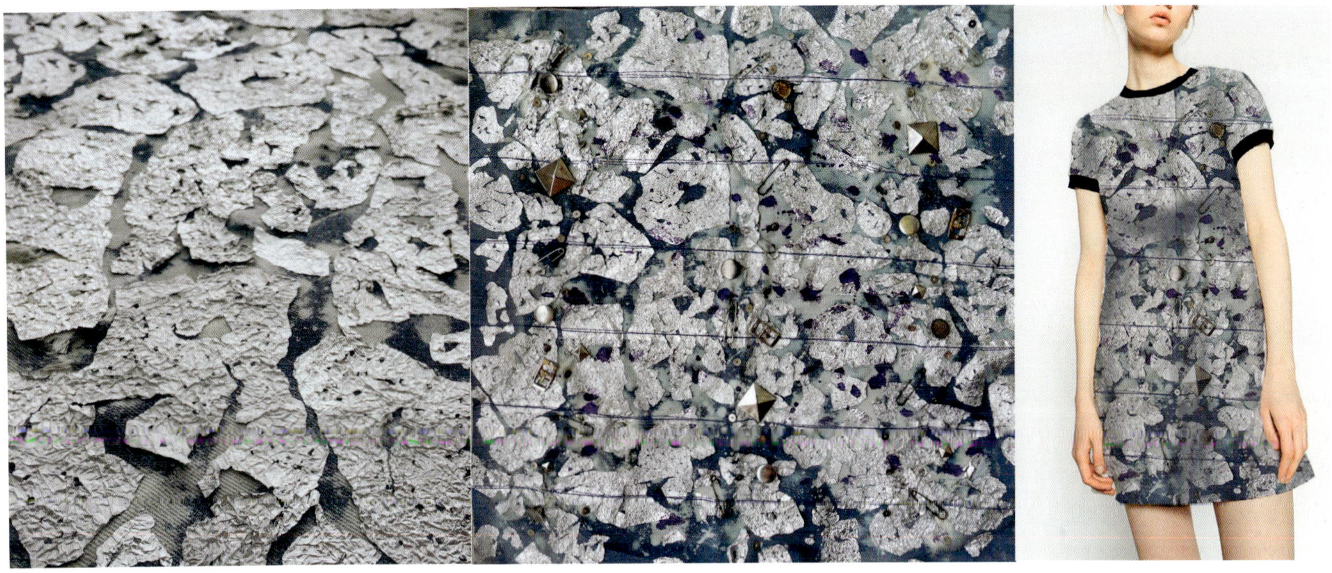

图 8-1-3

图 8-1-4（a）

图 8-1-4（b）

案例 8.1.5 折叠牛仔面料形成特殊肌理服装面料图案设计

（作品作者：黄紫微）

厚实的牛仔面料质地硬挺，用折叠的手法处理，容易形成肌理效果。本案例介绍的作品单纯以折叠牛仔面料的方法，完成面料图案的设计。图案视觉与触感统一，给观者以全新的、不同于以往牛仔面料固定印象的感受。

第一步：将牛仔面料裁成条状。

第二步：条状牛仔面料折叠后，用线缝成一串，如图 8-1-5（a）所示。

第三步：将一串一串的牛仔面料整齐排列于画面上，完成服装面料图案的设计，如图 8-1-5（b）。

案例 8.1.6 牛仔面料拼贴后与其他素材组合服装面料图案设计

第一步：颜色深浅不同的牛仔面料拼贴组合，完成面的组合。

第二步：以绣线、车缝等手法，在原本块面的服装面料图案上，点缀线的元素，形成对比，完成服装面料图案设计，如图 8-1-6。

图 8-1-5（a）

图 8-1-5（b）

图 8-1-6

案例 8.1.7 怀旧照片与牛仔面料组合完成服装面料图案设计

（作品作者：郭一泽）

牛仔面料的特性容易让人与美国乡村文化联系起来。以下案例将与美国乡村文化有关的图片打印后，直接车缝于牛仔面料表面。看似简单直白的创作手法，却因元素选择准确，及对图案形式感的准确把握，取得了非常好的效果。此案例中，元素含义与表现素材的统一是可取之处。同时，对不同色块色调的控制是非常重要的专业能力的体现。

第一步：首先考虑到各种图片的多种色彩，牛仔底布选择纯度非常低的面料，而非常见的蓝色等，主要利用牛仔布粗犷的肌理，如图8-1-7(a)。

第二步：图片的选择包括红、黄、蓝三种颜色强调红蓝对比，弱化黄色，这是一个非常重要的色彩使用技巧，如图 8-1-7（b）。红、黄、蓝三原色同时出现，会让人有满足感。但如果红、黄、蓝三色出现的比重相同，则会使对比过强，不适于服装面料图案。所以往往会选择降低其中一个原色的纯度，或减少它的面积等方法，来达到平衡对比的目的。当然每个原色的饱和度也需根据需求做出适度调整。

第三步：当画面中的各类色彩关系已经确定后，则要注意增加的新元素必须为无彩色。所以可以发现，除红、黄、蓝以外，其余元素多为没有倾向的黑白色，如图 8-1-7（c）。这里体现了无彩色对色彩关系没有影响的色彩构成理论的应用。

第四步：将各类图片拼贴于牛仔底布上，注意画面大小、聚散的节奏关系，最终完成服装面料图案设计，如图 8-1-7（d）。

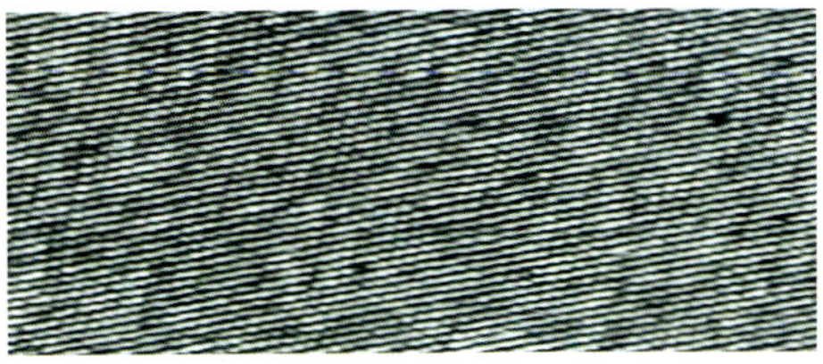

图 8-1-7（a）

图 8-1-7（b）

图 8-1-7（c）

图 8-1-7（d）

第二节 拼布工艺服装面料再造设计

拼布艺术在如今的服装设计、服装面料再造等艺术性工作中具有非常高的应用价值，不仅可以提高面料的美观度，还满足了人们的审美需求，属于一种创意性极高的艺术表现形式。在服装设计中，拼布艺术属于一种非常重要的设计方法与表现手法，特别是在服装面料的再造过程中有着非常明显的优势与应用价值。

将一些规则或者不规则的布料，按照图案或者图谱进行拼接，而后形成具有艺术性或实用性的布艺作品，这一过程被称作拼布艺术。无论是在西方还是东方，拼布艺术都有着非常悠久的发展历史。随着古典唯美主义手工艺的兴起，拼布艺术这项服装设计手法，受到了越来越多人的青睐与关注。

在当前低碳环保的时代，拼布设计的应用将成为可持续设计中重要的手段和方法。随着人们环保意识的增强，越来越多的人开始关注可持续性和环保性能的设计。拼布设计工艺在这方面具有独特的优势，它可以通过利用旧布料、废料等资源进行创作，实现材料的循环利用。它不仅展现了设计师的创意和技巧，还融入了文化、历史和个人表达。

一、新与旧的拼接

新旧图案的拼接指的是利用传统的拼布工艺，如缝、补、堆、缀、纳、贴、拼等工艺手法，将一些废弃的材料与新流行的材料进行组合搭配。采用这种拼接工艺，可以有效提升拼布服装的实用性能（图 8-2-1~ 图 8-2-4）。

图 8-2-1

图 8-2-2

图8-2-3

图8-2-4

二、不同图案的拼接

不同图案的拼接，可以分为规则图案的拼接、不规则图案的拼接以及单独图案的拼接。

规则图案的拼接可以分为组合重复或单独重复。组合重复指的是将几块面料按照一定的顺序或规律组合成一个协调的单元，而后对该单元进行不断的重复(图8-2-5)；单独重复指的是将单独的几何纹样，如三角形、正方形或圆形等进行重复(图8-2-6、8-2-7)。

不规则图案的拼接指的是虽然拼布的形状各异且大小不同，看起来毫无规律可言，但是却独具一定的规律性，从而给予人们更加独特的观赏性。比如，著名传统服装“水田衣”就是利用各种颜色，且大小不同的零碎织锦料，互相拼接而成(图8-2-8)。不同颜色的料子经过有序的拼接，如水田一般，给予人们更加独特的视觉体验。

单独图案的拼接指的是利用拼布艺术具有的形式对其进行有序拼接，形成一幅完整的绘画作品或者是图案纹样(图8-2-9)。

图8-2-5

图 8-2-6

图 8-2-7

图 8-2-8

图 8-2-9

三、不同材料的拼接

不同材料的拼接指的是将同色但是不同材质的面料进行拼接，或者是相同材质不同颜色面料的拼接，以及不同质不同色面料的拼接。一般情况下，相同材质不同颜色面料的拼接手法常用于规则图案的拼接，而不同材质面料的拼接手法则多应用于对比性比较强烈的面料肌理设计的面料拼接中。具体来说，包括发光与不发光面料的对比拼接、硬与软面料的对比拼接、光滑与粗糙面料的对比拼接，以及薄厚程度不同面料的对比拼接等（图 8-2-10~ 图 8-2-15）。材质与颜色均不同的面料拼接多应用于不规则图案或者是单独纹样图案的拼接中，虽然整体的拼接效果比较杂，但是有一定的秩序性，审美效果非常好，具有独特的魅力。

8-2-10

图 8-2-11

图 8-2-12

8-2-13

图 8-2-14

图 8-2-15

四、不同色彩的拼接

不同色彩的拼接，主要包括同类色面料的拼接、相近色面料的拼接，以及对比色面料的拼接等多种形式。在我国的传统拼布服装艺术中，大多数会采用对比色面料拼接的方法，而同类色面料拼接或者是相近色面料的拼接手法，则多应用于现代拼布作品中（图 8-2-16~ 图 8-2-19）。

图 8-2-16 同类色拼接

图 8-2-17 相近色拼接

图 8-2-18 相近色拼接

图 8-2-19 对比色拼接

第三节 镂空工艺服装面料再造设计

镂空工艺的类别多样，风格变幻不一，在服装面料再造设计中的应用非常广泛，一定程度上能够有效增强服装的装饰感，提升服装的层次感时尚感。早在 18、19 世纪的欧洲宫廷贵族中，曾经掀起一股蕾丝风，当时人们对镂空面料极其痴迷；到了 20 世纪 60—70 年代，部分设计师开对服装面料的破坏性情有独钟；而近些年来，国内外的众多服装设计师开始重新尝试运用镂空面料来进行新的创新，在 T 台秀场，已经随处可应用镂空工艺的面料。镂空面料以其自由独特的表现形式来展示其自身非凡的艺术性。设计师运用剪切、编结、雕花等多种手法，打造出的镂空果独具美感。

面料是进行镂空工艺的主体，也是实现镂空技艺的基础，不同面料的织造方式不同，应用镂空工艺后呈现出的特点也不同。根据面料的特点，镂空工艺应用后的效果做如下介绍。

、柔软型面料

柔软型面料是一种飘逸性较好的面料，如雪纺面料和针织面料，镂空工艺应用于此类型面料，效果大多线条流畅、动感强。因此，针对这一类的面料进行镂空处理，常用剪切、提花等手法（图 8-3-1）。

、挺括型面料

挺括型面料从表面上看，质地硬朗平整，造型感强，这一类型的面料适合运用剪切、雕花等手法进行裁剪。常见的牛仔面料就属于此类型（图-3-2~ 图 8-3-5）。

、反光型面料

反光型面料自身较为光滑，具有明显的反射光的能力，对于这一类型的面料进行镂空，大多采用剪切和雕花的方式，镂空的面料与透出的内服饰相互衬托，整体给人以变化丰富的感觉，常见的漆皮面料、缎类面料均属此类（图 8-3-6）。

、透明型面料

透明型面料质地轻薄，适合采用抽纱、提花等手法进行镂空，其本身质感朦胧，在进行镂空后，更能体现优雅而性感的特色。常见的半透明的空蕾丝或者完全透明的欧根纱属于此类（图 8-3-7）。

图 8-3-1 柔软型

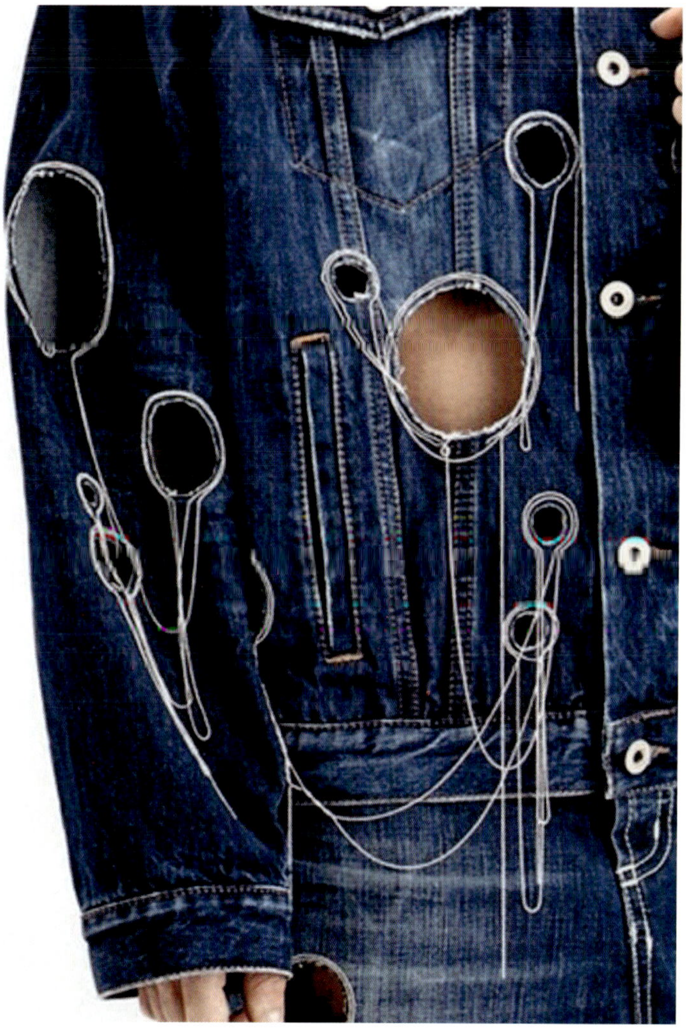

图 8-3-2 挺括型

图 8-3-3 挺括型

图 8-3-4 挺括型

图 8-3-5 挺括型

图 8-3-6 反光型

图 8-3-7 透明型

第四节 皮雕工艺服装面料再造设计

作为服装材料之一，皮革在服装制作中一直占据着不可替代的地位，应用范围广，形态多变。皮雕技艺是着眼于皮革材料的专属艺术形式，完成效果层次分明、丰富，表现力极强。将这种艺术形式引进皮革服装面料再造的设计，不仅可以满足人们的个性化着装需求，还可实现皮革服装设计的创意制作。

一、浮雕手法

皮雕工艺应用于服装面料再造设计，是指在皮革类面料上以浮雕手法进行创意制作。浮雕手法应用于皮革材料，是基于皮革材料较为厚实的特性，能够实现层次丰富，甚至达到素描的效果。通过在皮革服装创意设计中应用皮雕手法，可以丰富皮革材料的视觉效果、强化服装风格，全面呈现服装外观的个性化特征，增加服装表现力与艺术感染力（图 8-4-1~ 图 8-4-6）。

图 8-4-1

图 8-4-2

图 8-4-3

图 8-4-4

图 8-4-5

图 8-4-6

二、镂雕手法

运用皮革镂雕工艺即雕刻、剪切、打孔等多种方法的综合工艺，制作的皮革面料为镂空或者破坏状态，呈现通透性美观形态。雕镂手法可刻各式各样的图案，操作方法简单，灵活便捷，不会造成皮革表层变形。而且镂雕效果通透、肌理感明显，以不同颜色内衬搭配，不仅可促使皮革面料呈现多维度、立体化效果，还可保留皮革面料自身质感与颜色。基于镂雕手法的皮革服装设计，以镂雕手法设计皮革面料，丰富视觉感受，造出层次分明的立体化图案效果，通过服装内衬与人体行走，图案实时变化，呈现出若隐若现之美，强化了服装的时尚感（图 8-4-7~ 图 8-4-9）

图 8-4-7

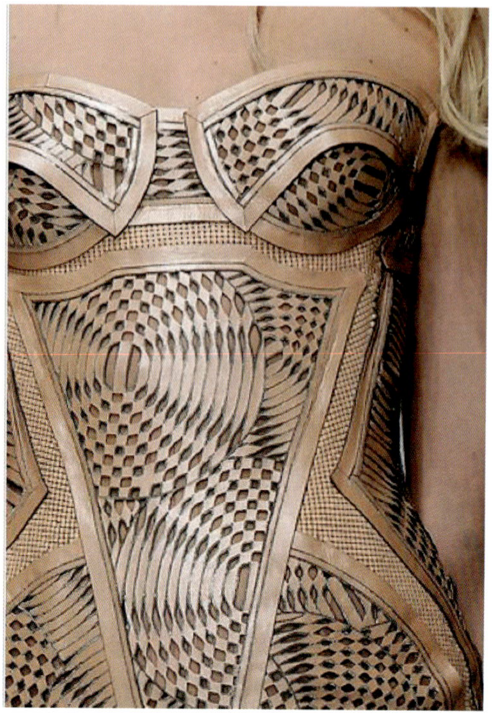

图 8-4-8

图 8-4-9

三、皮革变形

变形手法即通过皮革面料可伸展、可收缩的特性，利用搓、揉、捏、折等手法改变平整的皮革面料形状。借由此法，在皮革表面形成变化丰富的体量质感，且只有真皮材料才具备这些特殊属性。设计师通过充分发挥此属性进行服装设计，以此产生独特的视觉效果。基于变形手法设计出来的皮革服装，可以达到类似金属材料的硬朗挺拔的视觉效果（图 8-4-10、图 8-4-11）。

图 8-4-10

图 8-4-11

第五节 褶皱工艺服装面料再造设计

“褶皱”是一种描述地质弯曲构造的专业名词，后引申用于描述服装，特指衣物面料因折叠、挤压所产生的痕迹和纹路。随着人们生活方式的多元化发展，在服装领域也呈现出多层次的发展需求。褶皱作为服装设计中极具创意性和可塑性的重要元素，贯穿服装整体造型和细节设计，是服装造型艺术的表现形式之一，也是改变面料形态、丰富视触觉肌理效果的工艺手段之一。通过面料有序或自然的堆积、抽缩和叠放，实现褶皱元素装饰性与实用性的完美统一。褶皱独特的肌理特性和丰富的变化形式，具有重要的应用价值。

一、褶皱工艺的分类

褶皱作为服装设计中常见的造型、装饰元素，根据其形成的原理和方式，大致分为两类，即自然褶和人工褶。

（一）自然褶

自然褶是利用面料的悬垂性及经纬线的倾斜度自然形成的褶皱，具有不规律、不可复制的特点。面料的自然属性不同会产生不同的造型效果，不同的固定方式也影响着褶皱的方向形态。通过披挂、缠绕和系扎等方式形成的褶皱风格自由洒脱，在许多国家的传统服饰中均有大量应用（图 8-5-1）。在现代服装设计中，多采用立裁、平裁或者二者相结合的设计手法，深入探究服装结构与人体之间的关系，从而获得起伏自如、柔美灵动的自然褶造型，如荡领、圆台裙等（图 8-5-2、图 8-5-3）。另外，亦可通过与橡皮筋抽缩缝制，形成细密的可调节性褶皱，这种方式形成的褶皱肌理感较强，应用于服装的不同部位，可达到兼具美感与实用的装饰效果（图 8-5-4）。

（二）人工褶

人工褶是运用某些人为制造的方法和手段形成的具有一定规律性的褶皱形态。按加工方式，可分为人工制褶和机器制褶两种。人工制褶一般是将织物在预先保留一定褶量之后，加以人为打褶，再经过高温熨烫进行定型处理；机器制褶则是利用服装面料的热塑性，直接对其表面进行机械高温压褶处理，从而得到理想的面料肌理。人工褶具有整齐端庄、高雅大方的风格特点，其表现形式具有强烈的秩序性和统一性（图 8-5-5、图 8-5-6）。

图 8-5-1

图 8-5-2

图 8-5-3

图 8-5-4

图 8-5-5

图 8-5-6

二、褶皱工艺的特性

（一）装饰性

服装褶皱是以服装面料及其他辅助材料为载体，通过折叠、堆砌及揉捏等方法，使面料本身产生新的肌理形态，以此来配合、烘托服装主体的表达，从而得到一种完整的、符合形式美规律的装饰效果。褶皱工艺可以赋予平面面料立体化造型，增强服装整体或局部的层次感和立体感。同时褶皱还具有一定的律动感，伴随人体的自然运动，产生明暗虚实的光影变化。褶皱元素具有极强的可塑性，结合不同质地的面料与多种多样的工艺制作手段，形成风格突出、特色鲜明的符号化装饰元素，增强服装主体的个性化表达。根据服装整体设计的需求，将褶皱元素合理应用于服装的不同部位，也可以对人体起到很好的美化、装饰作用。

（二）实用性

褶皱作为服装设计师常用的设计元素，不仅可以使服装造型更具美感、更加多样，还可以根据不同的应用形式，使服装具有更多的功能性与实用价值。褶皱的功能性主要体现在为服装提供隐形活动量，提高服装的运动机能性。在膝部、肘部和下摆等活动部位合理应用褶皱，既可以保证人在站立时服装外观的合体性，又可以满足人在日常活动时的便利性。此外，通过压褶处理制成的褶皱肌理，为无伸缩性的面料增加了弹性功能，增强了服装款式的包容性与舒适性。

第六节 羊毛毡工艺服装面料再造设计

随着人们生活水平的提高和对生态环境的日益重视，环保舒适面料、创意面料成为服装设计师、纺织品设计师深入研究的重点。在国家大力提倡保护环境、传承传统手工艺的今天，传统天然材料与传统手工艺的结合成为面料创意设计的亮点。羊毛作为传统的天然纺织材料，其良好的物理性能和温暖质朴的外观备受设计师和消费者的喜爱。以传统羊毛材料和毛毡工艺为切入点，研究面料的创意设计方法及其效果，通过对羊毛毡的艺术形式与工艺技术两个方面进行面料设计方法研究，力求达到艺术与技术的完美呈现，对提高面料的艺术创作性、丰富羊毛面料的工艺技术有积极意义。

一、羊毛毡工艺及发展现状

（一）羊毛毡的概念

羊毛作为传统的天然纺织材料，具有良好的物理性能和温暖质朴的外观特征。羊毛毡采用羊毛制作而成，是人类历史记载中最古老的织品形式，历史记录可以回溯到公元前 6500 年，距今有八千多年的历史。羊毛毡工艺属于非织造工艺，比纺织、针织等技术更早被人类所使用。羊毛兼具柔软与强韧的特性，纤维弹性佳，触感舒服，又具有良好的还原性。羊毛毡制品折叠后，能很快恢复原状，不易变形。其纤维结构可紧密纠结，其强韧的特性不需要通过针织、缝制等加工而可完全一体成型。

（二）羊毛毡工艺的现状

羊毛毡已经广泛应用于工业产品、服饰品、纺织品等方面，例如汽车内饰装饰、产品设计（如手机套、电脑包）等。羊毛毡工艺也广泛应用于手工创作、服饰设计等领域，如利用羊毛毡材料制作各种手工作品，包括玩偶、配饰等。以羊毛毡工艺为特色的服装服饰品牌也逐渐涌现，这些品牌产品以羊毛为主要材料，通过湿毡及其他工艺技法设计出毛毡服饰产品，既保持自然传统又不失现代时尚。例如，帽饰独立设计师胡钰珑创立 Kreuzzz 品牌，通过毛毡工艺设计制作各种怪趣可爱的毛毡帽（图 8-6-1）；英国配件品牌 Hard Graft 将植鞣皮与羊毛毡材料结合，并应用于旅行箱包上（图 8-6-2）。在“从洛桑到北京”国际纤维艺术双年展中，也能经常看到羊毛纤维艺术作品。可以说，毛毡材料已经广泛应用于多个领域，并且不断渗透到人们生活中。

图 8-6-1

图 8-6-2

二、羊毛毡工艺的分类

（一）针毡法

针毡法是利用带有倒刺的特制刺针，通过反复戳刺羊毛，使羊毛上的鳞片相互摩擦、挤压、缠绕，达到羊毛毡化的效果（图 8-6-3）。如今，毡法已广泛应用于羊毛毡个性手工中，由其制作的产品具有紧实、表面光滑细腻的特点，但也因为工艺耗时长，同时存在制作尺寸上的限制，因此毡法更适合制作小巧精致的立体玩偶、刺绣作品、羊毛画等，在服装面料设计中往往应用在局部设计或者装饰性设计上（图 8-6-4）。

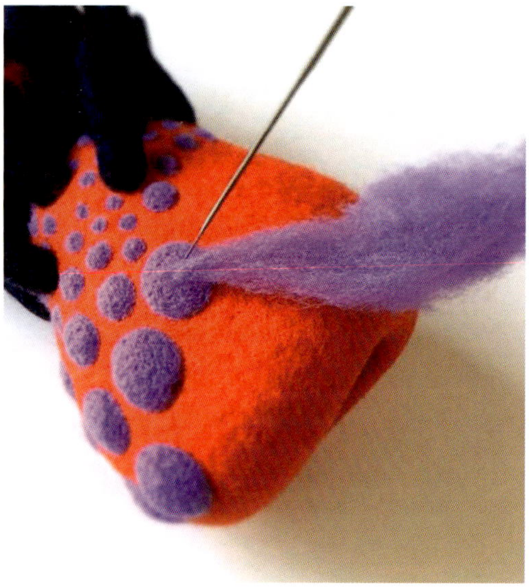

图 8-6-3

图 8-6-4

（二）湿毡法

湿毡的基本原理是用热水浸湿羊毛，使羊毛表面覆盖的鳞片张开、竖起，进而通过外力的挤压、摩擦、揉搓，使鳞片相互缠绕并且紧密收缩，最后以烘干方式达到羊毛毡化的效果。湿毡法可以制作大面积的毛毡面料，并且可通过操作达到大面积平整效果，因此在服装创意设计中，可应性更强。此外，湿毡法更容易产生渐变肌理效果，因此借由此法完成的面料作品艺术性、表现力更丰富多样。湿毡法的缺点主要体现在，毡缩可导致作品边缘变形，是需要在操作中考虑或加以利用的特征（图 8-6-4）。

图 8-6-5

（三）针毡与湿毡结合法

针毡法的造型能力强，在体量较小的具象作品多见应用。而湿毡法可以较高效地完成大体量面料设计制作，在大面积面料设计中更为适合。如果将二者结合使用，则可以使面料成品及形态不受限制，便于设计出精致细腻的肌理，表现出平面与立体、纯色与渐变结合的设计效果（图 8-6-6~ 图 8-6-10）。

图 8-6-6

图 8-6-7 羊毛毡与刺绣工艺结合

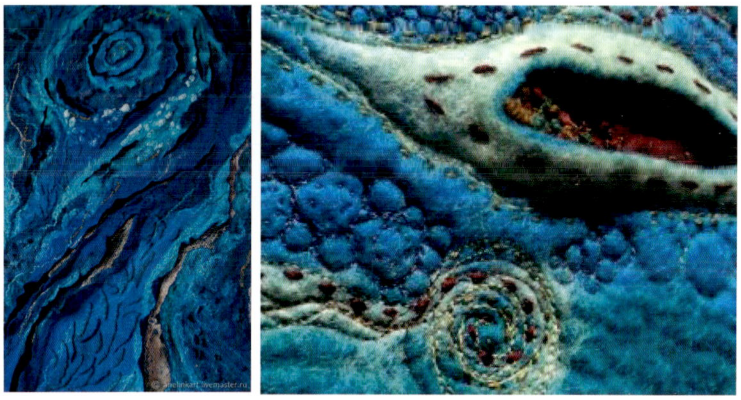

图 8-6-8 羊毛毡与切割工艺结合

图 8-6-9 羊毛毡与编织工艺结合

图 8-6-10 羊毛毡与拼接工艺结合